LOCUS

LOCUS

LOCUS

LOCUS

touch

對於變化，我們需要的不是觀察。而是接觸。

touch 55

會問問題，才會帶人【15週年暢銷紀念版】

作者：克莉絲・克拉克－艾普斯坦（Chris Clarke-Epstein）
譯者：馮克芸
責任編輯：吳瑞淑
三版協力：潘乃慧
封面設計：許慈力
內頁構成：林婕瀅
校對：呂佳真
出版者：大塊文化出版股份有限公司
105022台北市松山區南京東路四段25號11樓
www.locuspublishing.com
讀者服務專線：0800-006689
TEL：(02)87123898 FAX：(02)87123897
郵撥帳號：18955675 戶名：大塊文化出版股份有限公司
法律顧問：董安丹律師、顧慕堯律師

總經銷：大和書報圖書股份有限公司
地址：新北市新莊區五工五路2號
TEL：(02) 89902588 FAX：(02) 22901658

初版一刷：2009年12月
二版一刷：2019年3月
三版一刷：2024年3月
定價：新台幣300元
Printed in Taiwan

會問問題，才會帶人

問對問題，等於解決了大半問題
把問題問出來，你將受惠於答案

Chris Clarke-Epstein
克莉絲・克拉克－艾普斯坦 著
馮克芸 譯

15 週年暢銷紀念版

致我的母親，珺・布隆柏格（June Blomberg），她讓我在一個鼓勵發問……眾多問題的環境中成長。

致史岱爾・艾普斯坦（Stel Epstein）與米莉安・菲利浦斯（Miriam Phillips），他們讀了所有我寫的內容，並且勇於質疑我：「你到底怎麼想的？」

目錄

前言
如何使用本書

電視影集《星艦迷航記》裡的艦長畢凱（Jean-Luc Picard）從他手邊的工作日誌抬起頭來，看了一眼經線儀，覺得這一天在艦長準備室待得夠久了。該是站起來走動走動，感受一下戰艦上氣氛的時候了。艦上有些成員情緒不佳，找出這種情緒癥結的唯一辦法就是離開準備室，到甲板層走走。當然，他大可以把副艦長瑞克（Riker）或顧問星異（Troi）找來，把問題——**艦上成員現在感覺怎麼樣？**——丟給他們，並從兩人的不同觀點拼出一幅清晰可靠的圖像。但多年下來，畢凱知道這種辦法忽略了一項重要元素。如果他一直待在準備室，等著屬下給他找來答案，艦上成員就無法知道畢凱的感受，至少是畢凱希望成員心目中所認定的艦長感受。

——傑夫瑞・蘭（Jeffrey Lang）《永生的螺旋》（*Immortal Coil*）

當湯姆・畢德士（Tom Peters）在一九八二年撰寫《追求卓越》（*In Search of Excellence*）時，他向全球領袖引介了「走動管理」（Managing by Wandering Around, MBWA）概念。做為一名顧問兼管理團隊輔導員，我發現對許多企業領袖而言，要他們從辦公桌後面站起來，是如此困難，或更常見的是，讓他們不開會而去接近所領導的人，是如此困難。有一天我頓悟到，叫領袖出現在部屬面前還不是最難的。更普遍的現象是，許多企業領導者一旦站在員工面前，就不知道要說些什麼！

你可能推測，從你獲得領導者職銜開始，你就必須是所有智慧的來源。換句話說，你應該是回答問題而不是提出問題的人。再沒有比這更扯的事了。優秀的領袖了解到自己有所不知而謙虛，他們會很快下結論：最好找幾位值得信任的顧問而且問一些問題。傑出領袖知道，光是問幾個問題無法提供他們足夠的資料。要成功，他們必須把「向每個人發問」當做優先要務。有時他們也必須回答一些困難的問題——他們不知道答案的問題、若是不提供機密資料即無法回答的問題，或他們知道答案不受歡迎的問題。

啟迪人心，發人深省的，不是答案，而是問題。

——羅馬尼亞劇作家尤涅斯科（Eugene Ionesco）

這種行為需要膽量。是的，膽量，因為提出問題並承認自己不知道答案，可不是一般人期待領導者的作為。若要求他人描述領導者，多數人會使用「高強」、「機智」、「深具魅力」、「有決斷力」及「勇敢」等字眼。「好奇」、「好問」及「多問」這些字眼，若有人提，也一定排在最後。人的心智模式難以改變，但這是一項我們必須改變的模式。如果領導者永遠需要提供正確答案，那麼只有極少數人夠資格稱為領導者。但如果領導者須提出具有挑戰性的問題，那麼人人皆可追求領導者之名。

如何使用本書

相較之下，帶著好問的心追求領導之位或許還容易些，而把領導者必須很快給答案這種根深柢固的想法，變成領導者需要很快提出問題，卻是困難多了。

如果這個關於問題的概念深得你心，而且如果你因為舊式的領導方式似乎影響力式微而需要嘗試新方法，那麼你將和我共度幾個小時的有趣時光。這篇前言閱畢之後，你或許想回過頭去看看目錄（或是書末的問題索引），瀏覽一下。那裡或許有個問題吸引了你的注意力。沒關係，就先看那個問題。我強烈建議你把整本書看完（無論按何種順序），並在你開始問這些問題之前，想想它的威力。

你必須記住，提出問題跟提出對的問題不一樣。如果你渴望成為實至名歸的領導者，你得規畫你的提問策略。你必須知道自己要問什麼，以及如何問。在著手之前，你得先問自己幾個前置問題。以下這第一批四個前置問題，將協助你決定自己須在哪個領域提出問題。

我組織中哪個部門的人與我最熟？

我組織中哪個部門的人與我最不熟？

我組織中哪些部分是我至今仍覺莫測高深的？

我組織中哪個部分是我們成功的最關鍵？

然後再問自己如何開始成為一個好問的領導者。

我如何向他人說明我的新舉動？

我如何利用自己接收到的答案？

我將如何處理自己不想聽到的答案？

我如何開始提出更多問題？

回答了上述這些問題，勾勒出你自己的計畫。也許你是「一週問題王」之類的人。你的做法可以是昭告眾人，說是你正採行有別於以往的方式，希望大家支持你這項努力並給予回饋意見。你也可以不動聲色地開始提問。請善用本書每章最後的刻意練習問題，這張清單就是設計用來協助你找到自己的問題和答案。你或許想找一位可靠的知己來幫忙。請把知己列入計畫中，要求他聆聽你有關團隊的意見，而且要求他針對團隊成員的回應提出看法。現在請放手讓自己專注於實踐，而非如一開始時那樣事事要求盡善盡美。即使是吞吞吐吐提出問題，也比永遠不問來得好。

撇開這些計畫，請了解本書的主旨是關於你邁向領導之路的旅程，此中重點是提出問題，而不是提供一整套正確答案。我無意指定讀者在哪個時間或哪個地點提出問題或回答問題。本書不那麼像是一本告訴你如何做的書——如何做是外在的行動。本書談的是為什麼。我要求你去身體力行，就像彼得．布拉克（Peter Block）在《去做就是了》（*The Answer to How is Yes*）一書中所說的，從**如何做**、**做什麼有用**，進展到**為什麼**以及**什麼是重要的**。

我相信你寧願自己是個好領導者，而不希望自己是個壞領導者，如果能成為偉大的領導者更好。無論你在邁向領導之路上的哪一點，如果你願意冒幾分險、練習幾種新技能、而且忍受改變的不適，本書都將有助於你。在你閱讀之際，請務必在手邊準備一支筆，記下許多註記。把書上這些問題換成你自己的話。用這些問題當做出發點，創造你自己的問題清單。但是，最重要的，把問題問出來！你將受惠於答案。

警訊

提出問題及吸收那些問題引出的答案將花費時間，而對於領導者來說，時間經常不夠用。宣布命令是一種可以節省領導者時間的有效系統。而在危機降臨或基本資訊需要迅速公布時，這種公告是恰當的。許多領導者落入一個陷阱：把每件事都當做危機或都當做必須公告周知的資訊，藉此節省他們寶貴的時間。請不要自欺欺人。如果在你組織裡每件事都是危機，或你深陷「領導者的職責多半就是說話」的泥淖，你就需要重新考慮你的領導策略。

你被我說服了嗎？準備好要努力發問了嗎？請記住：如果你一向不是那種與人親近而且很人性的領導者，或如果你所處的文化有階層分明的悠久歷史，當你的問題碰到狐疑的表情和長時間緘默時，請不要驚訝。這種表情及緘默是人們做了一番內心資料搜索後的結果，他們正在判斷你為什麼發問，以及一個誠實的答案將帶來何種後果。請做好等待及堅持的準備。如果你給他們足夠的時間，讓他們做好有條有理說明答案所必需的思緒整理工作，一般人幾乎都會回答你的提問。持續好問的行為幾乎一定導致你接收到的答案更深思熟慮、更深入且更真誠。

一旦你問了問題，很快地，你就會找到答案。

——美國行銷大師李維特（Theodore Levitt）

談到答案，請做好傾聽的準備，並做好聽到一些你會不高興的答案的準備。就長期而言，實話很重要，但就短期而言，它令人難受。當你面對令人不悅的答案時，最要不得的是開始為自己辯解，還回以一堆理由，解釋為什麼有些事不可能改變，為什麼回答你問題的人顯然訊息有誤，或這件事是如何非你職責所在。你的任務是聆聽，全然的聆聽，然後感謝答問者提出他的觀點。

致謝

當你以講師為業時，寫書是一件特別孤獨的事。自以為獨自寫作一陣子之後，你突然發現，在你書寫打字之際，其實有那麼一大群人徘徊在你的電腦附近：

我的家人，他們在我疲倦沮喪時（疲倦沮喪通常同時發生），對我輕聲鼓勵，讓我不放棄。感謝法蘭克（Frank）、保羅（Paul）、狄（Dee），以及奎因（Quinn）、米里亞姆（Miriam）和約翰（John）。

美國演說家協會（National Speakers Association）的同事（你應該聘用他們每一個人，或至少買他們的書）在我們聚會時，跟我分享他們自己的寫書歷程，在我們相隔兩地時為我祝福、給我打氣。我特別要謝謝那些在我應該開會時、卻親眼見到我在打字的人：C．萊斯里．查爾斯（C. Leslie Charles）、雷諾拉．比林斯－哈瑞斯（Lenora Billings-Harris），以及凱西・登普斯（Kathy Dempsey）。

接下來是一群知道如何做書的人。感謝傑夫・何曼（Jeff Herman），他讀過我寄給他的稿件、把這些稿件賣給出版商，他讓一切看來是那麼的輕鬆順當。我同時感謝阿德里安娜・希基（Adrienne Hickey）以及她在美國管理協會出版社（AMACOM）的團隊，他們藉刺激提醒和質問，讓本書成為更佳的著作——心心念念都是讀者你們。

最後是我的客戶。擔任專業講師超過十八年，我的客戶自然多不勝數。你們都曾擠在我的辦公室裡，等著我針對各種情境和策略提出建議。本書許多問題都來自你們和我的討論。希望你們每個人在書中看到你們對我的影響，因為沒有你們，我絕對出不了書。

導論
問題該怎麼問才好

提出問題的目的，是得到答案。領導者藉提問來收集資料、了解動機、發現問題。在職場提出及回答的問題可坦露情緒、發現新方法及提高效率。而這些希望達成的結果都在假設一件事：有人實實在在找到他們所提問題的答案。你了解嗎？提出問題不保證就找到了答案。人生際遇不像電視上的法庭劇。你記得現場。律師向嫌疑人提出一個難以回答的問題。庭上一陣緘默——長時間緘默。律師看著法官；法官敲下法槌，斬釘截鐵對證人說：「我命令你回答這個問題。」證人經過適當提醒，深呼吸了一口氣，和盤托出。這是問答奏效的戲劇化版本。

真實世界中，沒有法官強迫作答。要想得到好答案就有賴發問者的技巧。為提高所收到答案的品質，你必須精通五種行為：

一、**一次問一個問題**。缺乏經驗的提問者通常會陷入一次問一大串問題的陷阱。之所以發生這種事，是因為提問人沒有想清楚他們要問的問題。聽聽這句話：「莎拉，我很好奇顧客最近提了一些什麼事？我的意思是，為什麼一通電話還要勞駕你接聽？我們上週實施的新政策真的有負面效應嗎？」

可憐的莎拉。她該回答哪個問題？連番轟炸之所以出現，是因為發問人未動腦就先開口。一時半刻的思索就能協助莎拉的領導者了解，他們最想知道的是新政策的反應。「莎拉，你看顧客對我們上週實施的新政策有何反應？」這是一個直截了當、不偏不倚的問題，莎拉會覺得回答起來自在多了。

二、**問題結束時停頓一下**。讓這段停頓時間長到足夠回答思考、設計答案並說出。停頓沉默可做為領導者的工具，這件事常遭人忽略；談到提問題，培養讓自己閉嘴的技巧相當重要。多年來，成功的業務人員都知道沉默的價值：**問題提出後第一個開口的人是輸家**。在領導者提出問題的狀況下，「輸」意味著領導者未得到答案、未得到好答案，或未得到真誠實在的答案。

在提出問題之後保持緘默，此事涉及的不只是不說話而已。保持緘默表示要維持目光接觸、動作停頓，而且在等待時感覺泰然自若（好了，誠實點，你現在已沒耐心，眼光掃視本頁其餘部分，想找出你到底要等待多久的數字，對吧？沉默，即使是納入書頁之中，也讓領導者緊張）。這種收穫良多的舉動需要練習。多數人自認在提出問題後停頓夠久，但其實不然。如果你問了一個問題之後停個兩三秒，你會覺得很久，但如果你是在準備應付他人的題目，你會覺得兩三秒似乎是轉瞬之間而已。請密切觀察你在提出問題後的停頓時間，並觀察你在任何情況下面對緘默的自在從容。努力朝以下目標邁進：提出問題後至少留下十秒鐘的停頓，你會看到你所獲得的答案的品質大大改善。

三、**學習聆聽**。不久之前，一名學員參加了我傳授的傾聽技巧課程，他問我是否可以給他太太寫張字條，證明他通過那門課。看起來好像是這位太太看過我們的課程簡介小冊，注意到這堂課，且大力建議先生來上。我對這位學員的答覆是，我樂意給他太太寫張字條，說她先生上過了這門課，但關於證明他學到什麼，就要看他自己了。我們大多數人都沒學過傾聽，也未接受過別人對我們自己傾聽技巧的評價，或甚至從未花時間想想傾聽是多麼的重要。現在是做這三件事的好時機。我確信你公司的人力資源部門會協助你找到跟傾聽相關的課程；你的配偶或身邊重要人士會回饋你意見；現在這件事被提了出來，你可以想想自己傾聽技巧差勁的後果。

四、提問後續問題。是否追問後續問題，是優秀訪問者和普通訪問者的高下所在。我們都曾體會過那種挫折——觀看訪問者提問，要求受訪者澄清某事，受訪者給了一個答案，接著訪問者不再繼續追問，卻把話題轉向訪談大綱中的下一個問題。如果你跟我一樣，此時你會停止收看接下來的訪問。為什麼？我認為這種不繼續追問的行為向閱聽人（先就不提受訪者了）傳達了一個訊息：你只是在逐步進行訪問程序而已。這個訪問者顯然對於問問題比較感興趣，而不是從受訪者那裡得到答案。

當領導者展現這種行為時，員工心裡的想法會像這樣：「又來了，他也許剛剛上過一堂成為優秀領導者的課，我們這星期大概要被轟炸許多蠢問題了。今天可能有一定數量的問題要丟出來，根本不必管答案。」

提問後續問題的一個壞處是，太多人一開始追問，就讓人聽起來或感覺起來好像是法官審案。你可以運用「口語鼓勵」（對那些喜歡技術用語的人來說，這個字是指導開場白的正式說法），鼓勵回答者釐清其答案中的論點。你或許已在有趣的對話中使用這些「口語鼓勵」，例如，「這事我不知道，請多說一點。」「還發生什麼事？」「那件事又出現了嗎？」這些雖然都還是問句，但說出來卻不必像帶著一個問號那樣尾音上揚，而是降低音調結束，做為鼓勵對話的一種表達方式。

五、**道謝**。你母親是對的。給送禮的人寫張謝卡很重要，禮多人不怪。無論人家多麼常說不必言謝，衷心感謝都是必要的。向那些花時間回答你問題、協助你的人致謝，你下回提問時，就可能獲得更多更深入的答案。而你心存感激的消息將在組織內流傳，這種態度將提高你的領導聲望。

持續練習上述五種行為，將使你變成一個有效率的提問者，也就是能得到答案的提問者。在下一章，你將向自己提出幾個問題。你將有能力自行練習這些技巧——專注在單一問題上，停下來想想，在每個問題之後聆聽你所言所說及感受。請自問一些後續問題，深入追索，並就自己的回答給自己拍拍肩鼓勵一番。

「為什麼？」的威力及問題

一個在理智上了解兩三歲孩子需要藉由發問來認識並學習周遭世界的成人，何以會對一個**為什麼**感到抓狂？我認為，這種挫折感來自成人痛恨孩童不接受他們的第一個答案。成功的父母很快就知道，孩童的**為什麼**是進入學習過程的不可思議主菜。孩童必須問更多**為什麼**，因為他們是藉由發問來了解，而且這種學習是在表象之下進行的。一再問**為什麼**就把答案推向表象之下。**為什麼**帶著他們到滿足其好奇心所需的幽微之處。請注意，孩童一旦掌握滿足其探索的資訊，他的**為什麼**就會停止。簡簡單單提出三個字「**為什麼**」，就有滿足其探索的強大功效。

一個成年人反覆詢問**為什麼**，就會有迥異於孩童、不那麼美好的結果。成人在面對連珠炮式的**為什麼**時，或許會覺得是他人在質疑自己的權威，自己的聲望遭到挑戰，或自己的專門知識受到懷疑。這不是展開對話的好辦法。但**為什麼**的確把你帶到浮面之下，到你為解決問題、揭露潛在事項或發掘有問題的態度而必須去的地方。領導者對此該怎麼辦？

以下是領導者有效使用**為什麼**的兩項建議。請找出最適合你處境的方法，並加以練習。

一、注意你的語氣。**為什麼**這個簡單問題最常見的毛病是發問時的方式。請嘗試以下練習。關上你辦公室的門或低聲含糊的提出**為什麼**，讓你周遭的人不會誤以為你在抓狂，同時請在說出**為什麼**之際，帶著以下情緒：

好奇
憤怒
挫折
求知
無知

你能感受到其中的差異嗎？如果你注意到引發你必須問**為什麼**的情緒，而且如果你控制得宜，我認為你可以順利發問。你在提問之後，將得到立即回應——發問對象的非口語回應，而那將協助你監測自己是否以積極正面、不帶判斷的方式提問**為什麼**。

二、在團隊會議之類較正式的場合，請運用企業致力於品質時眾所周知必問的五個**為什麼**技巧。在較正式的場合中，帶著自黏便條及輔助說明用大型白板，會消除提問**為什麼**過程中的絕大多數指責意味。這項技巧相當簡單。決定一下你必須探究的議題，把它寫在白板上。跟你的團隊成員一起問**為什麼**。第一個**為什麼**或許得出幾個不同的答案。請把每一個答案寫在白板上，繼續探究原先五個**為什麼**中的其他四個。這項程序的意圖是找出該議題的根源成因。附帶一提的是，這些白板可用可不用。黃色橫格紙也一樣可以。此步驟的目的是去除所有攻擊及對立的感受。

只因為提問**為什麼**可能很困難，但這並不表示不應提問**為什麼**。領導者必須找出以好奇及學習精神提問**為什麼**的辦法。問**為什麼**是所有領導者須精通的基本技巧。想想看你可以如何有效運用**為什麼**。在問過一陣子**為什麼**之後，你將受到激勵和啟發，去問本書中的其他問題。

1 要問別人之前，先問自己

——領導意味著什麼？

真正的領導者是勇敢的。
他們願意說：「我對這事一無所知。」
他們會尋求別人的意見、協助和指導。
他們改變。他們失敗。
他們放棄那些無效的做法，質疑現狀，
讓運作良好的傳統生生不息。
他們在鏡中檢視自己，
而且真真實實看見自己的身影。
他們思考。他們採取行動。他們堅持到底，不屈不撓。
他們在學習時謙和溫良，
在考慮放棄時心志堅毅。他們問問題。

在你做好勇往直前且提出其他問題的準備之前，你得先自問幾個問題。不要省略這一步，因為如果你略過這些問題，你向他人提出的問題將是違心之論。決意探究表象之下與部屬關係的領導者，必須從對自己心正意誠開始著手。

曾經有一名客戶問我，我認為他們應該何時開始培訓領導者。我摸不著頭腦的問：「你們現在怎麼做？」她答得漫不經心：「目前我們沒有任何正式的領導職訓練。」我相信多數人同意領導是一項藝術，也是一項科學。遺憾的是，多數組織就像這位客戶的公司，在提拔人才擔任領導職時，既不傳授這門藝術，也不傳授這門科學。

或許這正是你的際遇。由於你比其他人擅長某項業務，於是主管提拔你出任一個需要監督他人的新職。你從嘗試及錯誤中學到領導，發現自己的言行就是主管對待你的言行。而當初主管們對你說那些話、做那些事時，你曾暗自發誓絕不那樣對待他人。你現在之所以閱讀本書，是因為你懷著一種不安，感覺自己並未發揮領導潛能。這本書於你有益。以下就是你的第一份作業。請自行讀完本章並回答各項問題。這需要花費一點時間，但你的努力將有大收穫。

1　領導意味著什麼？

你或許相信，也或許不信，這問題的答案沒有對錯。領導有其不同的意義，端視領導者及被領導者而定。在任何一個特定的日子，領導可能意指教學、訓練、指示、打氣、諮詢、引導、糾正、保護、解釋和觀察。領導職需要你填表格、主持會議、簽約合作、說明決定、思索未來、化解衝突。上述行動或任務，不會是僅有某一項才算領導；通常領導涵蓋所有事項。如果你認為，成為領導者將使你更能掌握你的時間和任務，請三思。你將像新手企業家一樣，發現當你努力協助及支援部屬時，反而對自己日常活動的掌控更少。

我認為，領導新手多半沒有能力看出自己的工作已徹底改變。由於領導者通常是因其在某領域的技術能力而獲拔擢，舉例來說，他們的的確確擅長應對顧客，所以獲升為領導其他與顧客互動的員工，因此可以預料的是，領導新手將繼續發揮這種導致其升遷的技能，而不是了解到他們需要發展一整套新技能。沒有人向他們解釋說，他們的主要職責已從實際做事變成協助他人做事。

一個從不問問題的人，他不是無所不知，就是一無所知。

——美國出版人富比士（Malcom Forbes）

由於很少有組織提供討論及學習領導技巧的研討會，因此你將必須與自己討論、為自己討論。從自問領導意味著什麼開始著手。請檢視你對你過去主管的看法。你推崇他們的哪種行為？他們展現的哪些行為實際上妨礙你做事？

請找出你所知道的你組織內的最佳領導者，請他們吃午餐。請他們描述其對領導一職的看法，以及他們如何培養領導能力。接著，結識一位組織之外、你所推崇的領導者，並請教同樣的問題。比較這兩者的回應。你可能會很驚訝，員工對領導的看法竟然深受組織文化的影響。如果你有時間也有機會，請再另找幾位領導者討論這個問題，但請確認至少與兩名領導者談過。

你的研究做完之後，請回到原來那個問題**領導意味著什麼**？並請自行作答。這是一個紙筆答案。請把你對領導的定義寫下來，貼在辦公室裡你看得到的地方，另寫在你的一張名片背面，而且把這張名片放在皮夾中，同時把它做成你電腦的螢幕保護程式。別把它刻在石頭上就行了。隨著你逐漸適應領導者的角色，你或許想修改你對領導的定義。這並非因為你的第一個答案是錯的，而是因為你後來的答案更適合你所獲得的經驗。

2 你擔任領導者的感覺如何？

當你剛知道你獲提拔為領導職時，我猜你非常興奮。升遷通常意味著名聲更佳、機會更多、薪資更高。旁人向你道賀，提議要請你吃午餐，你的相片還出現在公司的電子報上。好事連連。

然後回歸現實。一堆任務丟到你桌上，只有寥寥數語的說明或根本未附說明。人們大聲要求你撥出時間、付出關注。你的時刻表上全是跟那些你從來沒聽過的部屬晤談。你的直屬部下期待你解決他們的問題、化解他們的衝突，甚至說出他們因為太害怕而未能自己說出的回饋意見。這該是你想想自己感受的時刻了。

領導不只是一套技巧。真正的領導是純熟精鍊的技巧加上開放而和煦善良的心靈。你對擔任領導者的感受必定影響你的領導作為。認為領導是其權益、認為領導者職銜需要他人尊重、認為領導者是應該有權做最終決策的人，其對領導所抱持的感受將不斷妨礙他們的領導效能。封閉通常是不願意探究事件情感面的結果。在追索自己做為領導者的感受時，你的感覺如何？

對於擔任領導者有一些相互矛盾的感受，這沒關係。興奮中帶著緊張。信心攙雜著恐懼。肯定伴隨懷疑。自滿加上憤怒。這不是**非此即彼**，而是**既此又彼**。找出與領導一職同時相生的所有情緒，研究這些情緒的各種樣貌，學會在適當時機釋出適當情緒，這樣的領導者就是領導贏家。那些試圖讓自己相信，應付各種情緒（自我的及他人的情緒）並非其職責之一的領導者，是在欺騙自己。

因此，你對擔任領導者有何感受？跟第一個問題一樣的是，你對這個問題的答案將隨著時間和經驗而變。在這個問題上，心隨境轉，你這一分鐘的答案可能與下一分鐘的答案相異。這不是什麼大問題。領導的最大挑戰之一就是：了解到你在特定時間的感受影響你的行為。如未定期且真誠檢驗自己對領導一職的感受，你將欺騙自己及部屬。

3 你希望人家怎麼懷念你？

女兒米里亞姆去威斯康辛州密爾瓦基（Milwaukee）上大學時，曾在烘焙商店「凡恩糕餅點心店」（Vann's Pastry Shop）打工，這家店素以其特製蛋糕、丹麥奶酥和麵包聞名。店老闆凡恩先生過世時，刊在《密爾瓦基哨兵報》（*Milwaukee Journal Sentinel*）上的訃聞是這樣起頭的：「把凡恩（Bob Vann）稱為是糕餅烘焙家，就像稱建築巨擘萊特（Frank Lloyd Wright）為建築師。」當你辭世，有人準備提筆或打字記錄你這位領導者，你希望他們寫什麼？

> 一旦你停止學習，停止聆聽，停止觀察，也不問問題，那新問題將層出不窮，還不如死去算了。
>
> ——美國作家史密斯（Lillian Smith）

有一派說法說，凡事都應該從結局開始設想。訃聞絕對是終點，我絕非暗示說，為了要回答這個問題，你得記得人生終點。但何妨自問：「當我轉任其他職務時，我希望我的團隊如何評價我這個領導者？我希望他們懷念我哪一點？」

請列出一張清單，說明你推崇的領導者特質。這種特質的組合無窮無盡。可以是同情悲憫的偉大聆聽者；可以是創意十足、處世公正之人；也可以是積極熱情而知識淵博的人。至少指出十五項特質後，請凸顯其中五項。這五項就是你希望部屬用來描述你的特質嗎？請繼續擬這張清單，直到你確信找出了你心目中自認是你領導風格中的五項基本特質。

現在，想想你上週的領導行動。你是否在大多數時間中專注於這些行為？如果上週是你擔任團隊領導者的最後一週，你的團隊成員如何描述你最後那幾天的領導表現？光是指出、思索或甚至談論那些你希望他人懷念的特質還不夠。重要的是你的作為，到頭來這種作為才算數。

凡恩是個糕餅烘焙家，但他絕不只是個糕餅烘焙家而已。我和米里亞姆看過凡恩的訃聞後，我問米里亞姆，妳懷念凡恩先生哪一點？她說，凡恩教她，要製作出一貫優良的產品，須得訓練有素、守紀律，團隊合作其實可以很有趣，還有，找出自己擅長的領域是人生及工作上至關重要之事。對於所有領導者而言，這是凡恩留下來的珍貴遺產。

4 你快樂嗎？

讓我一開始就承認吧——這是我的偏見。我認為骨子裡不快樂的人會是差勁的領導者。如果我們是在對話，這種陳述可能造成你一時語塞。我可能從你的眼中看到你的反應，而我為了強調看法，將把這句話再說一次。因此讓我重複一次。我認為骨子裡不快樂的人會是差勁的領導者。

在這個充滿嘲諷的時代，「快樂」這種人類處世方式的重要性，已然淪喪或受到忽略。幼兒會因其快樂而受人豔羨，但他們的快樂是來自對這世界殘酷現實的無知。我們會說：「快樂對他們來說很容易。」「他們在人世間無憂無慮。」噢，真希望再像那樣一次。我知道得太多，無法永遠快樂。」我願意承認上述這種論點有幾分真實性。有時天真無知較容易讓人快樂，但快樂並非來自無知。你不必非得無知才能快樂。許多人似乎忽略了：快樂就跟無知很像，不是一種生活型態，而是一種選擇。如果你無知，你可以選擇讓自己聰明一點。如果你不快樂，你可以選擇讓自己變得快樂一點。選擇快樂並不表示你排除了所有憂慮和麻煩。快樂只表示你了解一件事的好壞所有面向，而且無論如何都選擇快樂。

你可能會問，這跟領導有什麼關係？我認為，息息相關。快樂是來自樂觀，樂觀潛藏在「問題總會解決」、「邪不勝正」、「喜悅是每個人與生俱來的權利」之類信念的肌理中。少了這種基本上積極正面的信念系統，領導就會成空。如果你自己並非真正相信成功是可能的，就無法激勵他人再試一次。如果你自己都不認為逆境終將過去，就無法安撫逆境中之人。如果你在不確定的未來中並無信心，就無法領導他人。

因此，你快樂嗎？如果你的答案是不快樂，別擔心。當你再次自問這個問題時，可以選擇不一樣的答案，然後著手努力，履行你的答案。你周遭的人將很高興與你再度審視這個問題。

5 你害怕什麼？

恐懼是一種威力強大的情緒。它會在危機中讓你癱瘓，造成你在面對敵手時畏縮不前，或朝一個不適當的方向猛衝。恐懼將使你在應該說話時沉默不語，恐懼也將使你在應該緘默時大放厥詞。對領導者而言最糟糕的是，恐懼將在你需要現身時，說服你退縮並躲起來。

但你無須為了當領導者而消除恐懼。如果要沒有恐懼才能當領導者，那麼只有白痴才能成為領導者。恐懼除了是一種威力強大的情緒，也是一種必要的情緒。合理的恐懼使我們在針對某計畫投資大筆金錢前，深思熟慮且勤做研究。智識上的恐懼迫使我們在提拔少數人晉升前，先有一番高難度的對話。膽識上的恐懼提醒我們絕不在不熟悉的環境中走夜路。消除恐懼是很愚蠢的事。請以這種方式看待恐懼——你只需確保自己控制了恐懼，而非讓恐懼控制你。

我會選擇令我害怕的角色。

——美國影星海倫．杭特（Helen Hunt）選擇演出角色的準則

如果你懷著高度恐懼接下領導職，你的行為將受影響。如果你害怕自己被升到能力所不及之位，你將猶豫是否要提出一些可能顯示自己無知的問題。如果你害怕別人認為你不夠格當領導者，你將閃避必要的對立衝突。如果你害怕做出錯誤決定，你將因為質疑自我而做出真正差勁的決定，或甚至更糟糕的完全不做決定。

領導者的恐懼必須是可自我察覺診斷的。你得花時間思索你恐懼的是什麼。你的任務不是為了要消除恐懼而找出恐懼。你的任務是仔細釐清這些恐懼可能如何影響你的領導行為。你或許希望跟一名值得信賴的顧問討論你的結論，藉此以新觀點來看待恐懼可能影響你的行動。

別讓恐懼阻礙你成長為一名領導者。「你害怕什麼？」是個應該自問的重要問題，更重要的是要誠實作答。別讓恐懼阻礙你提出這個問題。

6 你確定自己想發問嗎？

提出問題就跟其他新行動一樣，最難的是起頭。延遲行動的理由一大堆。「我讀完這本書就開始。」「從週一開始比從週四開始好。」就連那些看來迫切需要改變行為的有害之事（例如吸菸的心臟病患、孩子因微罪而被警方帶走的家長，或短期內失去三名重要員工的企業領導者），也未必會立即出現改變。吸菸者仍舊吸菸。家長依舊忽略問題孩童的多項早期警訊。領導者照舊把員工流失歸咎於競爭。如此一來，行為不變，問題繼續惡化。

「精神錯亂」一詞有個簡單常見而巧妙的定義：**精神錯亂是以相同的方式做相同的事，但期待不一樣的結果**。根據這個定義，我見過許多精神錯亂的領導者。有些人甚至自豪於自己一成不變的行為，深信自己遲早將獲得團隊部屬的感謝，感謝他帶領整個團隊邁向他們理應獲得的成功。這種領導者等待夢想實現之日來到，真正的領導者則不斷挑戰自我，嘗試不一樣的事物，學著更聰明一點，而且甘冒更大的風險。

真正的領導者是勇敢的。他們願意說：「我對這事一無所知。」他們會尋求別人的意見、協助和指導。他們改變。他們失敗。他們放棄那些無效的做法，質疑現狀，讓運作良好的傳統生生不息。他們在鏡中檢視自己，而且真真實實看見自己的身影。他們思考。他們採取行動。他們堅持到底，不屈不撓。他們在學習時謙和溫良，在考慮放棄時心志堅毅。他們問問題。

你呢？你是否在領導之路勇於冒險？你是否確定自己想發問？除了你之外，沒有人能回答這個問題。你無法就此尋求他人的建議。對於這個問題，你將回答，或是不答。你若不因應處理，就是不處理。光是閱讀這本書無法代替你回答；但把本書中的概念思索一番，吸收起來且據此行動，就能回答這個問題。但歸根結柢，還是要由你來決定。由你的答案和你的問題來決定。

你學到什麼？

本章的問題刻意設計成難度偏高。難嗎？如果你嚴肅以對，的確很難。這些問題需要你深入、誠懇且透徹的思考。如果你對其中任何一個問題提出簡單答案，就表示你該回頭再次思索你的結論。樂意回答自己提出的困難問題，使得你有權向他人提出困難問題。

藉著提出及回答不同問題，你已開始建構自己的領導觀點。你現在面臨挑戰，要檢視成功的標準，而且要採取行動。請用本書（每章結束時）所附的「刻意練習問問題」，反省你在提出及回答這些問題時學到的啟示。

由於你完成了這項自我評估過程，代表你已準備就緒，要進行下一步了。請繼續往下閱讀。

唯一重要的問題是那些你問自己的問題。

——美國作家蛾蘇拉・勒瑰恩（Ursula K. LeGuin）

刻意練習問問題

- 你覺得本章哪個問題最令人深思？為什麼？
- 你覺得本章哪個問題答起來最有趣？為什麼？
- 本章讓你想到哪些其他問題？
- 你如何回答那些問題？
- 本章哪件事是你最想牢記在心的？
- 你想進一步探究「領導」的哪些概念？

其他註記

2 如何向客戶提出問題

——沒消息不是好消息，而是從此音訊全無

這本書不是談客服。

這本書談的是問題和答案。

你抓住重點了嗎？

一個切中顧客需求的問題，

和一個善於聆聽答案的提問者，

本身就是一項絕佳的顧客服務策略。

這也是領導者開始練習發問技巧的絕佳起點。

不找機會與各式各樣顧客互動的領導者，

將為其無知付出代價。

你曾與客服人員有過不愉快的交談嗎？其中是否有一種狀況是你覺得客服人員漫不經心，無法做些什麼來解決問題，或其答案不可靠？幾年前，我與美國航空（American Airlines）一名客服人員曾有過極不愉快的交手經驗。當時在我的要求下，電話轉接給一名主管，我和這位主管合力找出辦法，解決了我最初致電尋求協助之事。結束對話時，這位女主管再次為我的遭遇表示歉意。我說，我很感謝她這幾句話，而且希望隔天搭他們航空公司班機的那段航程，將有助於化解我心中的疙瘩，我始終為自己跟美航做這筆生意而嘀咕。掛下電話，我對我先生法蘭克（Frank）說：「如果她夠聰明，明天我登機報到時就能座艙升等。」法蘭克應道：「是呀，如果她聰明的話！」

許多女性很討厭在丈夫說中什麼事時承認，我不一樣。法蘭克說對了。隔天我搭的是——經濟艙。那次航程還好，回程也還好。不太好也不太壞，只是還好。三天後返家時，我在前廊發現一只潮濕的箱子。那是我們夫婦倆都不在家時寄到的，而且歷經威斯康辛北部深秋天候的眷顧。我把濕淋淋的箱子丟進地下室水槽，打開一看，發現是一堆腐壞的糕餅，還有一張美國航空那位主管寫的致歉函。此後我再也沒搭過美航班機。

不知道已經夠糟了，不想知道簡直糟透了。

——奈及利亞諺語

我很想做個小測驗。你從這則故事中找出多少顧客服務的問題？此時此刻，我願意排除郵包寄送過程靠不住的問題、她明知我即將離家出遊的事實，以及航空公司寄送烘焙食品的荒謬怪異，直指我認為這故事中最值得一提的部分。她從未問我那個一般人所能想到、最簡單也最好的顧客服務補償問題——**我們能為您做些什麼，讓您覺得下次還樂於由我們為您服務？**我對這個問題的答案是：「幫我座艙升等。」她只消再敲幾個鍵，我就會為讀者寫一則情節不同、令人更愉快的故事。毋須烘焙食品，不必填寫寄送單，沒有額外開支，不浪費她的時間。

這本書不是談顧客服務。這本書談的是問題和答案。你抓住重點了嗎？一個切中顧客需求的問題，和一個善於聆聽答案的提問者，本身就是一項絕佳的顧客服務策略。這也是領導者開始練習發問技巧的絕佳起點。不找機會與各式各樣顧客互動的領導者，將為其無知付出代價。在本章中，你將找到你充分運用顧客互動時可派上用場的問題。面對「問顧客問題」這個題目，請容我針對本書一開始時所說的警訊提醒你。請傾聽你問題的答案、特別是當你傾聽的顧客要求你技巧精熟時。請深深吸一口氣，真正傾聽，聽見弦外之音、言外之意。不要辯解，不要受制於本能衝動，而對你聽到的負面評論加以說明反駁。請如實接受顧客的意見，還有別忘了說聲**謝謝**。

7 你為什麼選擇跟我們做生意？

記不記得電影《屋頂上的提琴手》（*Fiddler on the Roof*）片中主角泰維（Tevye）問他結縭多年的老妻「你愛我嗎」時，所唱的那首歌？那是美妙的一刻，你可以從那一幕中泰維和妻子的舉動，看出兩人共同生活了許多年。他們彼此互碰，露齒而笑，牽手，或只有嘴型卻不出聲的說：「你愛我嗎？」企業可從那首歌中學到啟示。

你知道顧客為什麼買你的產品及服務嗎？顧客喜歡你們嗎？提出這個問題將有助於你找出答案。問這個問題並分析結果，將提供你一套資訊基礎，協助你說明你的策略。當領導者花時間詢問企業內外的顧客時，主顧之間就建立了關係。

而當領導者不只是談論一套精心設計、切實執行的發問策略，還身體力行時，長期的主顧夥伴關係就此形成。

如果顧客跟著泰維的歌聲，唱出對你公司地點、營業時間、產品服務或創新設計的摯愛，你就出現了一個擁護者。如果你的顧客表示其忠誠對象並非貴公司產品，而是你組織中的某個人，那麼你就學到不一樣的東西。如果顧客坦承他們是在心不甘情不願的狀況下跟你做生意，而且等著別人引進類似產品及服務，好讓他們另尋高明，你就挖掘出一個問題。無論顧客對你的問題如何回答，你現在知道了一些先前不知道的事。

對顧客提出這個問題及本章以下問題，給了你一些即時回饋的意見，而且讓你進一步了解你的未來。有些答案或許讓你不舒服；但所有的答案都將提供機會，使你及你的組織進步成長。你將聽到各種理由，可以額手稱慶、改弦更張，或再次檢驗你的既定政策及流程。你有的忙了。

8 你為什麼跟我們的競爭對手做生意？

這是上個問題的反面。你以提出問題來尋求資訊，藉此比較及對照兩家公司顧客的意見。

我不知道有哪個企業或組織沒有競爭對手。我不知道有哪個企業或組織無須知道對手的更多訊息。對我來說，向顧客請教你競爭對手的事，似乎是個開始求知的明顯起點。你看對手的觀點，天生就有偏見。你先入為主認定自己的產品比較優越，自己的顧客服務別具一格，自己在回應顧客的時效上迅速非凡。如果你不這樣想，你就不會為那家公司效力，領導一個團隊，不是嗎？對自己的組織懷著正面印象，這是好事，只要你定期測試這種印象是否與顧客意見相符即可。

這讓我想到，恐懼或許會讓你不敢發問。如果你發現競爭對手真的做得很好，你怎麼辦？如果你的顧客吐露說他們正轉而與你的競爭對手做生意，你怎麼辦？請這樣想：如果你不知道顧客的那些想法，你怎麼辦？少了這些透過詢問顧客而獲得的資訊，你將沒有機會改善諸多事項。果真如此，你難道不該更害怕嗎？

你也許是領導一個運氣極佳而且規模龐大的組織，擁有一整個部門在測量顧客意見。這並不能取代你親自聆聽顧客意見的價值。對顧客提出你競爭對手的問題，將有助於你深入了解那些送到你辦公桌上的競爭報告。你也許是領導一家小型組織，多數決策都是憑預感而下，而非根據研究而定。這時聆聽顧客對競爭對手的意見甚至更重要。這項資訊能提供你有關顧客未來行為的更寶貴洞見。

最後，向顧客提出這個問題，或許將讓顧客察覺到你真的非常在乎他們的意見。這當然有助於他們了解，你是多麼重視這群顧客。

9 我們是何時及如何讓你很難跟我們做生意？

還在我所居住的威斯康辛北部舉行研討會或召開會議的組織不多（也許我們的每年降雪量跟這些組織的決定有關）。這表示，我要工作就得出差。常出差就常住旅館，也就常簽名。入住時，退房時，客房服務，大廳酒吧，精品店小點心，都要簽名掛帳。每張帳單都有三行，一行是房間號碼，一行是簽名，還有一行是「正楷書寫大名」。有一天我察覺到，由於我自小書寫工整，我的簽名其實已達清晰明確的地步，因此我拒絕在「正楷書寫大名」那一欄多寫一次。負責收帳的那位服務人員看到我那一行空著，就客氣的問，不知是否可用**正楷書寫大名**。我回道：「我的簽名已非常清晰明確了，為什麼還要再用正楷寫一次？」這位服務人員說：「因為你必須再寫一次。」我答：「不必啦。」他說：「那麼我必須請經理出來。」我要求：「請把那張掛帳單給我。」手上拿著剛才那張不符規定的掛帳單，心裡想著少給他小費，我在單上頗有爭議的「正楷書寫大名」那一行，潦草簽下我的名字。如果，即使我在旅館餐廳直接用我的萬事達卡支付餐費時，我的手寫字跡都無妨，那麼當我想把帳掛在一紙終究會由前述那張信用卡支付的旅館帳單時，為什麼會茲事體大，彷彿涉及國家安全？這不是什麼大不了的事，但足以讓我不堪其擾，促使我下回到旅館外找餐館吃飯。

你的顧客在跟你做生意時，從不會碰到這種政策或程序問題，對不對？你上一次查核此事是什麼時候？每個行業都需要系統、政策和程序來運作。員工須了解他們的工作、支持其工作的科技，以及限制其職權的各種界線。領導者須在合適的環境下傳達其決定、想像未來的機會，及注意預算。顧客的心聲要到哪裡才聽得到？企業內部系統很少讓人從企業之外來觀察，除非貴公司內部系統已經外人檢視，否則你不能自稱是「以客為尊」。

了解你企業系統及各項程序給人感受的唯一辦法，就是向顧客發問。正如你不可能擔任你自己作品的校對，你也不可能以澄澈的眼光判斷你自己的系統。向許多顧客請教這個問題，會是一種令你眼界大開的經驗，而顧客的答案或可針對你企業必須進行的改變，提供明確方向。讓顧客很難跟你做生意，即使偶爾如此，也不是好主意。

10 你未來需要我們提供什麼？

記得我自己最早談生意的一段對話，是關於一張桌子、我父親和一家名叫國際商業機器公司（International Business Machines, IBM）的知名企業。當時我大約十一歲。父親告訴我們，他的公司跟ＩＢＭ簽了零件供應約，但他的團隊根本不知道那些零件是要用在什麼產品上。即使我才十一歲，都覺得此事不合理。我問：「你怎麼知道你製造的產品就是他們要的？」我父親回答說：「我們不知道。我們就等著他們通知，說是我們做出來的跟他們要的有多接近，然後我們再做一次。」

這是合夥的問題。想深化企業與顧客關係的領導者經常問這個問題。事實上，這很快就變成領導者最喜歡提出的問題之一。了解顧客對其未來的看法有助於你略見自己的未來。提出這個問題將讓你取得許多資料。首先，是基本資料。那些資料可以使你深入了解自己必須如何創新或修正程序及產品，以符合顧客未來的需求。對你而言，無法清楚說明其對未來看法的顧客，或許並非長期資產。

其次，你可以據此判斷刺激好玩的程度。未來是極其有趣之事。對於未來感到雀躍欣喜的人和組織，大致上都前途無量。對未來感到悲觀的人則常面臨幽暗時光。你希望你的顧客群是哪一種人？

當你將從顧客那裡得到的資訊品質和顧客應答時的振奮之情結合在一起，你對自己的未來將有一份令人印象深刻的洞見。瞄準那些為未來思考和計畫、且為未來諸多可能性而興奮的顧客，似乎是規畫成功未來的一個好辦法。這些是你希望能與其成為夥伴的顧客。但除非你發問，否則你永遠不知道他們是不是這種顧客。

11 如果你是我，你會改變我組織中的哪件事？

這是一個專門設計用來把談話帶到特定行動層次的問題。這是一個執行面的「**怎麼樣讓我們更好？**」的問題。你是在顧客等候、為取得正確發票單據而爭執，或對你們的哪項政策搖頭時，要求其表達想法及看法。你是在要求顧客說實話，這一點至關重要。更重要的是你怎麼處置這個問題的答案。傾聽及要求顧客詳細說明，是還過得去的處置回應。解釋你們為何現在辦不到或未來為何不嘗試顧客的建議，則令人無法接受。

有一點要注意。如果你向顧客提出這個有關改變的問題，而顧客把這個問題丟回來給你，不要訝異。你會怎麼說？如果這個原本是一問一答的過程變成一段持續有來有往的對話，你可能發現自己面對的是一段即將建立的主顧之誼。

實際上，如果你碰到的是一個把你當做夥伴而非小販的顧客，那你運氣就更好了。隨著企業的世界愈來愈複雜，顧客不斷尋找與供應商合作的機會，而不只是從供應商那裡買東西而已。企業與顧客結盟，從一個各自都無法單獨想像的更寬廣觀點來看世界，將使雙方皆有所獲。這種夥伴關係超越傳統運作模式，邁向雙贏局面。這種關係是為了創造而存在，創造進入市場的新方法，解決問題的新方法，以及定義成功的新方法。

夥伴關係蘊含著雙向回饋的渴望。事實上，夥伴關係奏效的唯一辦法是雙方都願意承諾，就何者行得通及何者行不通做持續不斷的彼此回應。奇普·貝爾（Chip Bell）及希瑟·席亞（Heather Shea）在其著作《舞蹈課：經商及人生夥伴關係六步驟》（*Dance Lessons: Six Steps to Great Partnerships in Business & Life*）中，引述曾任麥克萊恩公司（McLane Company）總裁的泰瑞·麥克爾羅伊（Terry McElroy）的話說：「我們不斷自問：『我們把業務做到自己想要達成的程度了嗎？這段夥伴關係中，我們受之無愧嗎？』我們希望與那些向我們提出相同問題的人結盟合作。」這又是一組好問題。

12 我們如何向你深切表達感激謝意？

當女性搬到一個新地方，找到一個手藝高明的髮型設計師是優先要務，這個問題男性讀者可能難以理解。我初搬到威斯康辛北部時，找人推薦之後，跟幾位美髮師約談，最後選定其中一位擔任我的正式美髮師。那些年她為我剪髮做造型，從來沒有哪天讓我不順。如果我提到有人剛搬到我們這個小鎮，或有人想做新造型，她會給我一張名片，主動給我介紹的朋友在第一次消費時打九折。我算過，十年間我為她找了十二名顧客，而這些顧客至少每月打理一次頭髮（你可以算算這筆帳）。

某一天我有急事趕著要剪髮造型，她卻無法將我排進她的預約表中，我開始想：她為我幫她找來的新顧客提供折扣，怎麼卻對我並無絲毫回饋？為什麼我不值得她考慮一下，安排一項緊急服務？從那時起，我結束了和那位美髮師之間的主顧關係（你注意到這種怨念是如何迅速累積出來了嗎？）。沒多久，我就找到別人解決我的「不順」問題。過了一個月，可能取代舊美髮師的那位新人為我剪髮時，我提到我的生日正好是那一週。她說：「噢，你運氣真不錯。我給我顧客在生日那一天打五折。」你猜得出來過去十年誰幫我剪髮了。

展現你的謝意不見得一定涉及金錢價值。企業以各式各樣方式表達其銘謝惠顧之意。他們無時無刻不在充分運用顧客的姓名。他們追蹤顧客的偏好、提供顧客解決問題的建議。他們在非節慶假日仍然寄送卡片。他們與顧客目光相接，專心聆聽。他們為顧客設想。他們創意十足。他們深深喜愛顧客，而且表現出來。

你如何回饋你的顧客？我們常為了拓展新業務而忘了珍惜原有的業務和顧客。詢問顧客如何表達**你的謝意**，是避免落入此一陷阱的關鍵。你將不只聽到你表達謝意的辦法，還將發現哪一種**表達方式**對顧客而言最受用。

你學到什麼？

你從如何及何時向顧客發問開始學，因為對顧客提出問題是領導者必須培養的一項良好習慣。花時間聆聽顧客心聲，是更佳的習慣。在許多組織中，人們大費周章隔絕領導者與顧客。對一個希望自己實至名歸的領袖而言，竭盡所能掌握實際狀況並不為過。

維持與你顧客的密切交流是領導者的重要活動。簡短的電話聯絡、與重要顧客聚餐，及與主要顧客群面對面會談等，都是專注於顧客的領導者維繫與顧客接觸的辦法，有這些顧客，企業才有生意做。對領導者而言，不與顧客接觸是太過冒險了。這事與俗諺相反，「沒消息不是好消息……而是音訊全無。」

領導者知道最好不要在一無所知的情況下面對未來。在你與顧客聯絡之前，精心設計你的問題，這是最好的習慣。

> 真正的問題，是那些無論你喜不喜歡，都闖入你知覺中的問題。
>
> ——美國作家英格里德．本吉斯（Ingrid Bengis）

刻意練習問題

- 本章有哪些問題是你問起來最困難的？為什麼？
- 你目前使用哪些策略來維持你個人與顧客的密切接觸？
- 你還想問顧客哪些其他問題？
- 你如何問這些問題？
- 你的顧客問你什麼問題？
- 你如何回答顧客那些問題？
- 本章有哪件事是你最想牢記在心的？

其他註記

3 如何向屬下提出問題

——建立團隊的第一步

做為一個領導者，

你的基本工作是讓每個員工，

無論是會計或保全，

都了解他們在組織的成功上扮演著重要角色。

如果你不知道如何說明此事，

或更糟糕的，你認為這不是事實，

那麼請停止自稱是領導者。

領導者的職責是創造一個環境，

讓每個團隊成員都盡其本分。

截至目前為止，你考慮向你自己及你的顧客發問。那當然是重要的工作，但做為領導者，你也需要把注意力集中在你領導的人身上。向屬下提出問題正是本書的核心內容。

初步向員工提出的最簡單及最佳問題，就是繞著業務打轉。許多受過良好教育而且相當成功的員工，對其職責範圍內的事務瞭如指掌，但對大廳那端另一個部門的動態幾乎一無所知，這實在令人不可思議。資訊科技的人不了解銷售人員的挑戰。在討論損益表時，行銷人員覺得事不關己。運送部門的包裝員甚至不知道公司有研究部門。

我最喜歡向我新客戶提出的一個問題是：「你們公司是否開放讓外界參觀？」當對方肯定回答時，我追問：「這種深度參觀是不是你們新員工訓練課程的一部分？」先不提有多少人對我提到的員工訓練課程一片茫然，針對第二個問題回答「是」的情況相當少見。既然如此，我只能推測許多人在組織內工作，卻未清楚認識他們那一行的業務。我覺得這種現象風險極高。領導者怎麼辦？針對本章所提問題發問，是一個合理的出發點。

領導者透過對發問的開放態度，讓屬下有信心追尋其夢想。

——美國作家兼新聞工作者安德魯・芬利森（Andrew Finlayson）

你將基於兩個原因而提出這些問題。首先，為了要了解員工對你整體組織的理解深度。其次，為了讓你有機會去傳授知識、改正錯誤資訊及鼓勵探索——換句話說，是為了要暫時扮演教師的角色。非傳統教室形式的教學是領導者職責中重要的一環，而這些問題將提供你扮演教學角色的開端。

請注意，教學並不表示演講。向員工提出以下這些問題，得到一個模糊或令人困惑的答案，接著當場以權威語調發表演講，將不會讓你得到你所希望的結果。教學意味著以學生受用的方式思考，並傳達學生所需的資訊。這些問題的答案或將開啟一段簡短對話，一場一對一的步行部門導覽，或邀請另一部門代表到團隊會議中做傳統展演。這些問題的目的是協助你發現接下來會有哪些事。

如果這是你成為發問領導者的第一步，請回頭參閱本書前言中的**警訊**。在你衝出你的辦公室，找一個無可懷疑的可憐員工發問前，有些事你得想一想。警訊那一段將有助於你記得那是些什麼事。

13 我們如何賺錢？

這是一個簡單的問題。「我們賣東西。」「我們製造東西而且賣東西。」「我們出版書籍。」如果你在零售或製造業工作，員工的答案應該相當明確。如果你提供的是服務，怎麼辦？「我們協助人們解決問題。」「我們修理損壞的東西。」「我們放映電影。」這些全都是表象答案。印刷書籍、銷售東西、修理設備等，都能讓一個組織開出收據或發票，但不保證那家公司一定賺錢。

許多人從來沒讓人教過生意該怎麼做，這件事激發出「開放式管理」（Open-Book Management）哲學。一九九五年六月，約翰．凱斯（John Case）在《公司》（*Inc.*）雜誌上，發表了一篇文章，描述開放式管理與眾不同的三項要素：

一、每個員工都會去看而且學著了解公司的財務報表，以及其他所有追蹤企業獲利表現的重要數據。

二、員工學到無論他們要做什麼事，其職責之一就是使那些數據朝正確方向移動。

三、員工直接肩負推動公司成功的責任。

在開放式管理的組織中，員工知道他們的組織如何賺錢。但我可以聽到你會說：「我們不是開放式管理公司，而且我沒有權力把公司變成開放式管理。」的確。但你可以藉由向你團隊成員發問、評估其回應及設定計畫等，做好你的分內工作，協助成員了解公司損益全貌。

這個問題可能很嚇人——如果你想到自己實際上並不知道答案的話。不要拿「你不知道答案」當藉口，就不問這個問題。請把它當做充分的理由，向知道的人發問而且向他們學習。

14 你的工作對我們的成功有何貢獻？

多年前，我曾是一家大型保險公司的業務員。有一回，我坐在一個（滿臉不悅的）客戶辦公室裡，我要求給我點時間打回我的總公司，以便取得他那個衝著我而來的問題的答案。當我撥著自己公司的 1-800 免付費電話，一邊按鍵一邊暗自祈禱得救時，忽然想到自己以前從未使用過這支免付費服務電話。鈴響三聲後，有一個興高采烈的人接了電話，她嚼著口香糖，嚼食的聲音大到我彷彿可以看見她的嘴巴在動。我真慶幸是我，而不是我的客戶，撥了那通電話。

回我辦公室的途中，我想像自己跟這位接電話者爭執一番。我要毫不含糊的告訴她，她的行為是多麼的不專業。她一天必定要接數百通電話，在數百人耳朵邊嚼口香糖，她在想什麼？由於回辦公室是一段三十英里的車程，我有時間徹底思考我原本的計畫，而且發現我的計畫還不夠。我得跟她的上司談。對我而言，似乎過去沒有人協助她了解她工作的重要性。當她接電話時，她是代表整個組織在跟電話那一頭的人接洽。我很確定她從未想過此事。她的上司從未問過她：她有沒有想過自己對全公司的成功有幾分貢獻？

做為一個領導者，你的基本工作是讓每個員工，無論是會計或保全，都了解他們在組織的成功上扮演著重要角色。如果你不知道如何說明此事，或更糟糕的，你認為這不是事實，那麼請停止自稱是領導者。領導者的職責是創造一個環境，讓每個團隊成員都盡其本分。你得在一開始就闡明此事，在日常工作中注意屬下對此的理解，且就此一原則定期獎勵。

我後來找那位嚼口香糖同事的上司談過。他瞪大了眼睛一片茫然，這種回應有助於我了解那位電話客服人員的行為。我開始告訴我的客戶，當他們需要跟本公司的人員洽談時，請直接與我的行政助理聯絡。我的助理從來不嚼口香糖。我問過她許許多多的問題，關於嚼不嚼口香糖，當她初次面試時我就確認過了。

15 我們可以如何省錢？

回到金錢之事。有人會說，業務大都跟金錢有關，但就金錢發問，常讓你獲得一些更有價值的東西。這個問題就是如此。領導者藉由提出這個問題來調查研究、質疑現狀及分派職責。他們用這個問題調查研究其職掌範圍內被遺忘的幽微之處，刺激員工自行思考，而且讓員工知道公司希望員工在他工作上多動腦。

這麼看吧。假裝你不負責採買家中日用品。實際上，你甚至很少走進日用品店。當你帳戶的餘額現在低於平時水準，而你注意到，支付給日用品店的帳單占每月支出的一大部分。因此你坐下來，設計出一套降低日用品費用的策略，而且將這份計畫交給家中負責採買日用品的人執行。如果你必須猜一猜，這辦法對你行得通嗎？

好，試試別的辦法。你在穿越廚房時，逮到那個採買日用品的人，你說：「你在日用品店花太多錢了。我希望未來能看到日用品費用縮減。」離開廚房前你補上一句：「順便說一句，可不要讓我們的伙食變差喔！」這樣會不會好一點？

拜託跟我說你認為這兩種辦法都行不通吧。拜託跟我說，你在讀上兩段時，一邊搖頭一邊笑吧。但很遺憾的是，許多人在家中經常做這種事。這種行為（表現在採買日用品、處罰孩子和其他多到數不清的事項上）有其深遠的寓意——隨便問哪個你認識的離婚者就知道。不要自己欺騙自己。如果你在家中來這套，你在辦公室也是這套。

這種行為的問題（假設你不確定自己是否如此）是，你認定自己比主其事者更了解那件事。當你問到為公司省錢時，你傳達出的訊息是：你期待看到員工的專業而且你重視員工的專業，因為那是他們日復一日的工作。當然，這背後的推理是，員工有他自己的想法，而我想要，不，我需要聆聽這些想法。這個問題你問得愈多，得到的答案就愈好。

16　你如何讓自己的工作更有效率？

我覺得從來沒有人問過我這個問題。我碰過最接近這問題的一次，是一張工作績效審核表，當時的問題是：**你自認五年後會在何處？**那是審核表最後一頁的最後一個問題。我很傻，把這問題當真。我想想自己當時正在做的工作、自己實際喜歡的工作、我顧客面臨的問題及其關切之事，設計出一套簡略的工作職掌表，而且想像那就是我五年後的處境。我的主管閱畢告訴我：「你不能去想你要做那件事。」我可以接受主管給我的一個「你不能做那件事」的答案，但那天我離開績效審核面談時，心裡一直嘀咕著：「你不能告訴我說我想做什麼！」

如果主管當時只說：「這是一張很有意思的提案，你怎麼會這樣想呢？」那將是一段不一樣的經驗。果真如此，我會很高興把我面臨的阻礙告訴他——那些我和我的顧客同感挫折、而且造成我工作困難的阻礙。無須一張新的工作職掌表，就有一些他可以立刻協助我的事——協助我變得更有效率，而且讓我們的客戶更開心。

許多問題都功效卓著，這個問題就是絕佳的例子。有些事項從領導者眼光看來似乎微不足道，但就員工看來卻是巨大無比的障礙。你團隊中的成員或許知道，須得改變才能讓工作更有效率，但他們或許不知道如何改變。領導者的職責是協助員工徹底思考他的點子，然後適時消除不利執行的障礙。但如果你不知道障礙在哪裡，你如何能消除障礙？

把這個問題拿出來不只問一次，你將開始看到思考的品質及員工對結果的在乎程度。跟員工一起消除組織的障礙，嘗試新點子，這將使公司上下皆蒙其利。

17 你對我們顧客的了解中，哪件事最重要？

做為一名顧問或做為一名顧客，我所碰到的每個成功組織都熱愛顧客。當組織中有人聽到各級領導者無時無刻都在討論顧客，那麼員工很容易就掌握了「顧客是重要的」這個訊息。

但光是討論顧客還不夠。你是否曾注意到，當你認定領導者談的不適用於你時，你在心理上多快就對領導者充耳不聞？我覺得不可思議的是，有那麼多人相信，如果「顧客服務」這四個字未出現在他的工作職掌表中，顧客就不歸他們負責。我最近決定，再也不光顧某家餐廳，因為他們的菜單誤導客人。我聽到有關電子商務的最近一則抱怨是，顧客嫌產品的包裝材質不佳。這兩位分別負責撰寫菜單和採購包裝材料的員工，都是我上文的例證，他們可能並不明白，自己也肩負顧客關係之責。提出有關顧客問題的領導者要協助所有員工了解，探知顧客的需求是企業中每個人的職責。

因此，有關顧客的問題是在指示、提醒並鼓勵你的部屬，對你們的顧客始終感到好奇。你從部屬那裡得到的答案提供了幾乎無限的資訊，讓你據以行動。這個問題的答案可歸為以下四類：

一、**員工沒有能力回答**。不要驚慌，這種反應告訴你，你和你的領導團隊有一些事要做。有些員工需要你的提醒，提醒他們有責任了解顧客。有些人需要學習為內部顧客服務的概念。有些人需要幫忙，看清自己的工作在組織中如何與同事的工作息息相關，最終是為你的外部顧客提供服務。

二、**員工的答案是錯的**。不要生氣。這是提出後續問題的絕佳時機。**提問「什麼原因導致你認為如此？」**可能不錯。員工可能是接收到不正確的資訊，可能是從個別遭遇跳到一個結論，或可能是倚賴舊資料。協助員工學習承擔他們對顧客的責任，及推動持續對話，可消除這種資訊錯誤的情況。

三、員工的答案證實你已知的事項。不要自滿。員工的這類回應雖然讓你感到心安，但需要審慎看待。你真的對顧客瞭如指掌嗎？還是你和部屬全都根據舊資料運作經營？一個問題帶出另一個問題，很有意思，不是嗎？

四、員工的答案讓你驚訝，深具你前所未有的洞見。不必汗顏。這類答案是所有答案中最令人振奮的一種。洞見的作用是以新觀點來看現狀。如果你領導的組織員工都是不斷細察周遭環境、思索所見所聞，而且據以推斷出極富洞察力的結論，那……再好不過了！

18 我們可以提供給顧客的是什麼重要的東西？

提出這個問題的最佳時機是你跟顧客對話時，次佳時機則是你跟團隊成員中那些經常跟顧客互動者對話時。這是一個設計用來激發想法的問題——從許多資源而來的各式各樣想法。因此就該問題而言，你的職責是盡可能向許多人提問，而且盡可能經常問。

談到想法，最糟的情況就是幾乎沒有想法。這就是為什麼腦力激盪的基本守則是累積數量，而非強求品質的原因。遺憾的是，許多人都忘了這項守則，先是廣徵想法，一旦點子提出後，就論斷每個想法，扼殺對話討論，然後又納悶為什麼部屬的腦力激盪做得不好。如果你想聽到一些可能讓顧客開心的點子，你得先形成許許多多的點子，而且一一加以考慮，即使是那些耗費太多成本、太花時間或太不節制的點子，都要列入考慮。

創意來自混亂。最佳的想法從來不是以結構完整而實用的面貌出現，而是常隱藏在一個不切實際又愚蠢的想法中。這類想法需要耐心處理、悉心培養及呵護。創造一個鼓勵創意思考的環境並不容易，但那通常會是一件趣味十足的事。

19 你認為誰是我們的競爭者，你對他們的了解是什麼？

我的工作性質需要我花大量時間在外奔波。在旅館房間的獨處時刻提供了一片沃土，讓許多不常見的問題浮現我的腦海。有天晚上，我開始納悶，旅館內旅遊服務櫃台的人員如何了解他們向住房旅客推薦的地點。因此我去問了問。我很驚訝的發現，這家旅館希望大多數旅遊服務人員以自己的時間和金錢，去了解當地各景點的商店及餐館等旅遊資訊。這讓我想到各組織是如何了解其競爭對手。

（如果這種明顯的主題跳躍對你而言頗不自在，請習慣它。不是因為我的錯才請你習慣，而是這種事在你無時無刻都認真發問時很常見。一個看來隨意、實則審慎觀察的有趣問題，似乎就能激發腦部活動。我的經驗是，找出主題之間關聯的努力幾乎都是徒勞無功，因此我現在學會忽略這種跳躍，把注意力集中在似乎是新的主題上。我建議你也如此。）

我記得我在企業任職期間，老闆只問過我一次有關我們競爭對手的事。當時，我對其中一家競爭最激烈的對手推出的一項新產品知之甚詳，因為我的一位客戶拿到一份價目表，而且給了我一份副本。我讀過之後，把資料建檔。現在我很慚愧的承認，我從未想過這對整個組織而言可能是重要資訊，如果沒有人問我，那份資料還會繼續埋在我的檔案資料中。

員工在成為員工之前，就是顧客，許多員工選擇跟那些與你爭奪顧客的金錢、注意力的組織來往，或是認識一些常與你競爭對手互動的人。你如何挖掘他們擁有的資訊？

更有趣的是，關於你真正的競爭對手是誰，你的員工可能掌握你所缺乏的洞見。我記得一九九五年參加美國書商協會（American Booksellers Association）的圖書博覽會（BookExpo）時，沒聽到任何書店老闆提到亞馬遜網路書店（Amazon.com）。我相信許多書店老闆聽過這家新公司的名稱，但多數人似乎斥其為少數人的一時流行而已。當時書店老闆專注的是大型連鎖書店的成長，這對傳統書店而言，當然是一項極其嚴重的威脅，但其實這種威脅比不上讀者在網路書店購物的衝擊。

我有十足的把握相信，至少在你業務中的一部分，存在著一家類似亞馬遜網路書店的競爭者。就這個問題發問，或許可以給你一記你所需要的提醒。

你學到什麼？

推斷人們知道什麼是一件危險的事。當你提問本章這些問題時，你是否想到這一點？我認識一些從頂尖商學院獲得商管碩士學位的年輕人，他們缺乏一種我認為是對組織如何運作的基本了解。領導者提問本章中的問題，目的並非找出員工不知道的事有多少，而是找出他們需要教導的重點。

提問這些問題而得到一些不重要的答案，無須沮喪絕望，也沒有理由為了此事跟一個喜歡說「這些毛頭小夥子竟然不知道」的人多磨菇。領導者把這些問題的答案當做激勵行動的起點。他們很樂於為其團隊發展出一套做事更明確的計畫。他們研擬計畫，而且再次問這些問題，藉此令擘畫成功。他們確保進入其團隊的每一個新成員，都是打一開始就擁有全身心投入者所必備的知識及工具。

你呢？你認為這些問題可在你的環境中奏效嗎？你要到真正發問後才知道。

偶爾在你長期以來視為理所當然的事上打個問號，這樣才健康。

——英國數學家及哲學家羅素（Bertrand Russell）

刻意練習問題

- 你覺得本章哪個問題最令人深思？為什麼？
- 這些問題讓你想到哪些跟業務相關的其他問題？
- 你的團隊須熟知哪些基本商業議題？
- 你有什麼計畫可以確保團隊成員都熟知這些議題？

其他註記

- 本章中哪件事是你最想牢記在心的？

4 如何向屬下提出更深入的問題

——面向團隊裡的個人

發問需要時間。對於這一點，請不要自欺欺人。
你不能帶著重要問題找上別人，卻不留時間聆聽答案。
多數人在面對一個好問題時，
實際上都要思索片刻，想出答案，
接著把答案說出來，並期待有所回應。
通常這種回應是一個再度展開問答程序的後續問題。
此一過程需要時間。
提出問題卻又沒有時間聆聽及吸收答案，
那是很粗魯的。打斷別人的工作，
要求別人回答問題，卻未留下時間聆聽答案，
這是考慮欠周的做法。

在你急著動起來，開始問更多問題之前，有幾件事要記住。發問需要時間。發問就意味著你將聆聽答案。提出這些問題會讓某些人氣惱。了解以下事項將有助於你規畫自己的提問策略，因此讓我們逐一檢視這些事項。

• **發問需要時間**。對於這一點，請不要自欺欺人。你不能帶著重要問題找上別人，卻不留時間聆聽答案。多數人在面對一個好問題時，實際上都要思索片刻，想出答案，接著把答案說出來，並期待有所回應。通常這種回應是一個再度展開問答程序的後續問題。此一過程需要時間。提出問題卻又沒有時間聆聽及吸收答案，那是很粗魯的。打斷別人的工作，要求別人回答問題，卻未留下時間聆聽答案，這是考慮欠周的做法。

許多領導者因為時間因素而不發問。他們會說，等事情塵埃落定，我就有時間發問了。如果你是等著事情就緒的領導者，你要等很久。你需要排出時間來發問，這是你的職責。

• **發問即指你將聆聽答案**。你記得那個要求我立據向太太證明他通過我課程的人嗎？記得我的答案吧？了解聆聽程序的重要性，並不保證實際上做到了耐心傾聽。

你是否曾跟一個邊說邊看錶的人談過話？多數人都利用他人發言時間（或者說是利用我們認為他人發言的時間，因為其實我們並非真正在聽），構思自己對對方言語的回應。那種情況並非聆聽。提出問題而且聆聽答案指的是從頭到尾全心專注於答案，無論作答者花了多少時間才答完。

提出問題但又使出差勁的聆聽技巧，是非常糟糕的想法。如果你不願意磨練自己的聆聽技巧，最好根本就不要發問。

- **提出這些問題會困擾某些人**。不是每個人都對你最近熱中問一些預料之外的業務問題感到新鮮刺激。你會碰到有人雙眼骨碌碌的轉、裝迷糊或完全逃避等等。不要讓這些舉動阻礙你發問。人們會對開始發問的領導者有所猜疑，因為他們對你的新行動頗為困惑，因為他們擔心誠實應答困難問題的反撲，或因為他們就是性好譏諷。

不要讓他人的推三阻四影響到你提出這些問題的堅定心意。承認這種現象的存在，再次說明你的意圖並繼續發問。

不要一口氣把許多問題都丟出來。請選擇適當的問題，在適當時機向適當的人發問。學習如何發問約略就是策略思考。就提問的問題花時間策略思考，這是善用時間，而且你將獲得寶貴的答案。

> 提問正確問題所需的技巧，跟正確作答所需的技巧一樣多。
>
> ——美國人事顧問業執行長羅伯特．哈夫（Robert Half）

還有一項建議。如果你難以決定由哪個問題開始發問，藉此深入發掘及解決問題，何妨試試這個問題：**一個領導者因為很會問好問題而聞名，你覺得怎麼樣？**這問題的答案可能提供你繼續發問所需的動機。

20 哪個人或哪個部門妨礙你把工作做好？

多年來，我們一直拿大大小小各種組織裡碰到的「不干我的事」的態度來開玩笑，或對這種態度發怒。你是否曾停下來自問，有沒有哪個顧客對你的組織也抱持著「不干我的事」的態度？或你是否其實納悶，你的員工正在別處找工作，因為他們認為你組織中沒有人真正在乎到去解決內部系統問題？名字永遠跟「品質」兩字連在一起的品管大師戴明（W. Edward Deming）博士認為，職場中百分之八十五的品質問題都與系統有關，而非個人的無效率。我們的組織中到處都是妨礙員工竭盡所能讓顧客滿意的政策和程序，而你需要知道這種事發生在你組織中的什麼地方。

這是我們問題清單中第一個作答時有風險的問題。這個問題的答案通常是一個部門或一個人名。請記住，作答者可能需要一點時間，來決定講實話是不是真的安全無虞。描述一項過時的政策或說明一項容易連成一氣的程序，是十分安全的答案。指出形成瓶頸的部門或形成阻礙的同事，則完全是另一種決策過程。你膽敢提出這個問題，就必須考慮到發問的時間和地點。提出高風險問題之後一段令人自在輕鬆的暫停，將有助於你獲得深思熟慮而極具建設性的答案。

請小心：良好詢問的基本原則之一，是當問題提出而且作答者回答後，發問人不要回應（且通常是不應該回應）。你在接獲訊息時，應該僅僅是認知到這項資訊，釐清其中語意不清之處，並向作答者保證，他們的意見極為寶貴，你會慎重考慮。如果你就其作答內容表達意見，或根據單單一個答案就允諾什麼事，你或許會發現自己置身於比答案顯示的情況還複雜的處境中。當你這個問題的答案是在譴責某個人時，尤其會出問題。你的情緒性回應或許能讓作答者滿意，但會對你們談話中提到的人造成極大困擾。在這種情況下，你的最佳回應是「謝謝你讓我注意到這件事。就我了解，你的處境是（再次重申問題所在）。我向你保證，我會調查此事，回頭再讓你知道解決辦法。希望你了解，我很感謝你為改善本組織所做的努力」。現在，你的工作變成明察暗訪。藉由提出更多問題及仔細聆聽更多答案，你將能夠實踐諾言，向原先的作答者提出解決辦法。那或許並非剛好是他們所要的或所想像的，但他們將感激你說到做到並且貫徹到底。

21 我們領導團隊所做的什麼事妨礙你把工作做好？

領導者最常被指認的角色之一就是超級大障礙。當領導者陷入做屬下的工作，而非創造一個環境讓適當的人做正確之事的模式時，他就麻煩了。成功的領導者藉由適當的帶領和磨練，熱心協助屬下找到更有生產力的辦法。他們讓其團隊成員知道，如果遇到能力無法解決的障礙，領導者希望他們會請求協助。那就是領導者捲起袖子，為團隊身先士卒的時候。

但當領導團隊本身就是障礙時，又會怎樣呢？提出**「我們領導團隊所做的什麼事妨礙你把工作做好？」**這個問題，需要毅力與勇氣。

之所以需要毅力，是因為當你初次就此發問時，屬下最可能迅速回答「沒有」或「領導團隊都很好」。不要錯過作答者腦中毫無疑問會閃過的內心話。「這人把我當什麼傻子？以為我會回答這個問題！」坦白說，你能怪他們那樣想嗎？因此，請提出這個問題，但不要期待第一次問就能獲得好答案。其他問題問得愈多，並且對各種答案應付得愈得宜，你愈可能在再次提出此問題時，獲得更真實的答案。

之所以需要勇氣，是因為你得到的回應可能聽起來令人難受。我擔任企業領導者顧問的經驗是，你的職級愈高，就愈不可能就組織中日復一日的運作情形得出一幅真切圖像。當然，除非你問這個問題夠久，久到值得他人信任。你或許聽過屬下對你團隊行為的評價，甚至或許聽過屬下自己的評價，說是你需要靈魂自省，需要改變。如果你尚未做好聆聽答案並且據此行動的準備，就不要問這個問題。順便一提，如果你還未做好採取行動的準備，快快準備就緒！

22 最近有哪個管理決策你不了解？

你提這個問題的目的，是判斷你是否需要改善自己所下的決策，或改善你溝通傳達決策的方式。這是兩件不同的事。你得判斷員工是否並不了解那項決策的**理由**，或判斷你推動決策的**方式**是否有瑕疵。很少人針對決策引起的情緒反應，在此決策實施之前就做一番檢查和討論。

讓我們先處理情緒。許多員工調查指出，職場中最能激勵員工的動力之一，就是員工了解其組織動態時所產生的歸屬感。如果你還需要證據說服你，請在媒體透露某個組織即將有變的新聞出現後，到那個組織去走一趟。意外遭組織外消息人士拿著對該組織的消息炮轟，再沒有什麼比這更讓人覺得自己是一場重要棋賽中的無名小卒。請相信我，無論這項組織變革可能多麼合乎邏輯，或多麼務實，當一項決策或變革由這種方式宣布時，員工將惡劣回應，組織將受害。從報紙上聽聞自己組織的消息，這是極端案例，但許多企業的重大決策都是在缺乏縝密的內部溝通計畫的情況下，向員工公布實施，而且多數日常決策是在完全沒有解釋說明的情況下推動。低估員工對決策宣布推動方式的情緒反應，是一件相當危險的事。

至於決策內容呢？當領導者花時間詳細說明其決策，他們已接受了領導者做為教育者的重要角色。心智正常的人不會允許年紀輕輕的青少年在接受適當訓練、多加練習及通過考試之前，就跳上汽車獨自駕駛。但只有極少數鼓吹授權的組織採取必要步驟，確認員工對組織的運作具備廣泛了解，建立與各決策階層相應的學習層級，而且不斷向所有員工宣達有用的回饋意見。幫助員工了解決策背後過程的領導者是在教育員工，讓員工為必須自行做決策的時刻準備。

23 我們如何更有效地針對管理決策進行溝通？

我不記得在哪裡首次聽到這件事，但我記得當時的大致場景。我們一群人圍坐在桌前。白板寫滿了字，麥克筆和用了一半的便利貼散置桌上。我們的工作順利進行，直到最後一項議題。我們的任務是協調出一個辦法，宣傳最近某項決策的資訊。會中發言似乎在繞圈子，有人深深吸了一口氣，望著與會者說：「你們認為，如果繼續對這項決定是如何做成的一無所知，我們可能研究出宣傳計畫嗎？」好問題。那正是我們當時的寫照——談論一件自己都缺乏實質資訊或缺乏深刻了解的事，我們需要一位有勇氣的發問者指點正確方向。我們隨即休會，各自回去做功課。除非我們了解那項決定，否則我們根本無從討論起。提出「**我們如何更有效地針對管理決策進行溝通？**」這個問題，可讓你避免在無知的情況下白費力氣。

光是想為一項管理決策提供有助於他人了解的脈絡還不夠。你必須找出最有效傳達訊息的溝通形式。「一招闖天下」的溝通哲學，出錯的情形遠比奏效的情形來得多。單靠一次以某種方式溝通，絕不能滿足員工對了解的需求。提出這個問題將有助於你決定有效溝通的策略。多次提出此一問題並密切觀察答案的變化，將協助你（以及你組織中的其他人）有系統的訂出真正能增添價值的溝通策略。請記得，從消費者觀點來看，其與組織中任何一位員工的互動，就是消費者判斷這個組織的基礎。確認門房警衛到資深副總裁在內的所有員工都知道並了解公司決策，這難道不合理嗎？

順帶一提，如今你沒有藉口可讓你的內部溝通阻塞不通。值此廉價、簡易及即時通信科技普及之際，我打賭，那些領導團隊及員工未能良好溝通的組織，都會遭逢到比業界平均值還頻繁的公司易主，而且士氣較低、消費者投訴增加。此時此刻或許是個好時機，檢視一下你在使用通訊科技產品上，以及你在訂出組織中兩定點間傳達重要訊息及決策的新策略上，究竟有多麼別出心裁。

24 如果你可以改變我們組織集體行為中的一項，請問那將是哪一項？

許多組織都訂出一套行為準則，臚列他們視為所有員工行為指南的做法。這些價值觀準則通常印刷成冊並分發眾人。一般人以為這套準則白紙黑字印了出來，所以是千真萬確了，但實際上多半形同虛設。價值觀極其重要，重要到無法僅存留在紙上，它得活在組織的日常活動中。

成功領導者應該給自我的挑戰是，把他們的價值觀當做測量及評估的工具。

領導者需要稱讚及鼓勵良好的行為，仔細監督實際行為和期望行為之間的歧異之處，而且在惡劣行為制度化之前加以糾正。對多數領導者而言，其挑戰是維持對職場真實狀況的精準掌握。這個問題可協助讀者達成此一目標。當領導者了解到組織跟人一樣，有好習慣和壞習慣時，就有積極改變的可能性。找出言行之間的落差，就是開始改變的起點。

忠告就是當我們已經知道答案，卻希望自己不知道答案時所尋求的東西。

——美國作家艾瑞卡．張（Erica Jong）

想想看，當你碰到那種牴觸你明訂之價值的情況，你會怎麼做（或你曾經如何做）。如果你在行為準則中明言你一向尊重人，你是否會開除那位一再嚴責屬下辦事員的頭號業務主管。如果你推崇創意，你是否會因為看不出有什麼方法可在現行產品上為顧客增加新意，而拒絕那份差事？如果按照你的任務說明，應該是顧客至上，那麼當你們未達顧客服務的目標時，你會不會不發紅利給顧客服務部門副總裁？你自己的紅利呢？你是否說到做到？

請相信我，如果你的行為不符你明訂的價值準則，那麼在你希望你組織落實的行為，和我如果花時間與你員工相處即可觀察到的行為之間，將有落差。找出這種落差應該是你的優先要務，當然，除非你是想修訂那些你堂堂印在貴公司年報上的價值行為準則。

這個問題需要一個後續問題。請試試——**我們如何讓我們的行為回到正軌？**而且請仔細聆聽答案。

25 我們可以提供什麼有助於你的可能福利？

這個問題非常明確，或許不適用於你，但如果你對員工的福利有任何影響力，或如果你有責任做出員工福利建議或決策，那麼就請開口發問。

這些年來我注意到成功而愉快的長期主雇關係中，主雇之間有一種常見的小動作。每逢佳節或員工生日將近，主雇之間會有這樣起頭的對話：「今年你的願望清單上列了哪些東西？」我希望我能把這句簡單話語背後的溫暖聲調傳達出來。不要帶著漠不關心或諷刺嘲笑的感受閱讀此事，因為那並非這些主雇說話的方式，也不要跳到據說他們每到送禮時機都如此行禮如儀的結論。這些主雇彼此並未放棄給對方驚喜的念頭，但他們了解，根據對方真正需求而送的禮物是較佳的投資。

這跟員工福利何干呢？大有關係。多年前，我們的職場充斥著同質性極高的人。當時決定一項員工新福利極為簡單。但假使你最近未曾注意，那麼情況已有所改變。在同一個部門裡，可能有一名關切退休議題的嬰兒潮世代，一名帶著小孩的老 X 世代，一名找機會向你或向他人學習及發展新技能的新 X 世代，以及剛入職場的 Y 世代，甚至 Z 世代。你的員工愈來愈多元，有不同的種族、族裔背景和生活經驗。對某些人來說，越戰、示威抗議、甘迺迪（J. F. Kennedy）總統遇刺、「袋鼠船長」（Captain Kangaroo）的晨間兒童節目等，都是開啟後來風起雲湧的重大事件，但對其他人而言卻是古早歷史。同樣的，伊拉克戰爭期間代號「沙漠風暴」的美軍行動、挑戰者號太空梭爆炸及音樂錄影帶的重要性，也言人人殊。在這群員工中，沒有「一體適用」這回事；實際上，「一體」甚至不適用大多數人。

當你一邊努力為員工提供福利，一邊善用組織資源之際，你需要有關組織內員工的特定資訊。不符員工各種需求的福利計畫是一種浪費，也反映領導階層是如何差勁。提出這個問題不會讓這些決策變簡單，但將使你成為一位更佳的決策者。

26 在我們組織中的一個團隊任職，感覺如何？

如果有人票選最常誤用的商業用語，請告訴我，我想投票。**團隊**（team）這個詞通常用來描述一群執行某種任務的人，但實際上這個詞具有特定意涵。**團隊**是共享某種有意義目標的一群人，而這群為共同目標共事的人彼此之間具有情感聯繫。這本書並不適合辯論這個字的定義或其價值，但如果你把你的組織視為以團隊為主，那麼這該是考慮一下提問以下這個問題是否攸關重大的時機：**在我們組織中的一個團隊任職，感覺如何？**

這個問題的答案絕大部分取決於這支團隊目前的狀況。團隊就跟個人、部門或組織一樣，有起伏興衰，而這個問題的答案將受到團隊現況的影響。你在聽過許多問題或對成功的欣喜描述後，你需要進一步探究。你提出這個問題的意圖是，揭露你組織中有關團隊經驗的全貌。

如果人們提到缺乏支援、資源稀少、認同不足，或似乎是浪費時間的一個會接著一個會，請小心。團隊並不是自然而然產生。你不能期待把一群聰明人湊在一起，就稱其為團隊。團隊需要滋養澆灌，那正是領導者的工作。根據你從這個問題得出的答案，這或許是你審視自己如何成立、訓練及籌組你團隊的時機。你或許需要回顧一下現行團隊的組織章程。何不規畫幾個審查計畫，不只是檢視團隊目標進度，還要檢查這支團隊的合作效率。

在這個問題的正面答案中，人們可能會熱切談到他們有機會學習新事物、發展新技能及培養新關係。當你接獲這類回應，你就已經知道，你組織中的團隊經驗既有利於組織，也有利於團隊成員。

27 在一週工作之始，你感覺如何？

這個問題代表我們發問的焦點改變。在這之前的問題是要求他人分享其所知的事實及資訊。事實和資訊答案都很重要，實際上，業務就是仰仗事實和資訊而來，但事實和資訊未能說明全貌。組織裡都是人，而人皆有感覺。認為自己可以專注於手邊工作任務，而把「柔性東西」留給人力資源部門處理的領導者，實在不該自稱領導者！如果你選擇繼續接受我的挑戰，而且把你的注意力集中在人們對任職於你的組織的感受上，那麼以下幾個問題就是絕佳的起點。請記得，這個程序很簡單——發問，聆聽，說謝謝。冒點險，我知道你辦得到。

你記不記得接受智商測驗時的問題？先給你一堆字，然後問其中哪個字跟其他字不同類。請試試看這題：熱切、熱情、振奮、樂趣、工作。你的答案是什麼？希望你的結論是：這是一個陷阱題或出題差勁的範例。這幾個詞都是同一類，不是嗎？

或者，也許你現在正戴著呆伯特帽（Dilbert hat），覺得奇怪怎麼沒有人就這個如此明顯的問題發問：工作跟熱切、熱情、振奮、樂趣無關。如果這是你的答案，真可惜！想想看，如果這組織中每個人都認為熱切、熱情、振奮、樂趣和工作是同義詞，整個組織會有何等的活力。如果僅有半數員工對此認同，你的組織會有什麼成績？你曾想過即使只有百分之十五的人認同，就會有所改善嗎？你對於員工進入辦公室時的感受一無所知嗎？請相信我，員工展開一週工作時的感受，將讓人深刻了解他會和同事、顧客如何互動。

當你決定談論你職場員工的感受時，請致力於找出、支持及展現那些積極正面的感受。不要誤以為這表示你應該忽略或不理會負面情緒，這只是說：別把負面情緒當做你行動的核心。找出辦法提高解決問題的熱誠，激起學習熱情，鼓勵員工為成功而振作發憤，推動以工作上的樂趣做為紓壓良方，勸阻員工提到工作就想罵髒話。如此，你就盡了領導者的職責。

28 一週工作結束之際，你感覺如何？

觀察員工在一週工作之始進入職場的感受，讓你對組織士氣有了一番認識。觀察員工在一週工作結束之際離開職場的感受，則給了你另一種不同的觀點。這是為何兩個問題都納入應該提出的重要問題之列。

就這個問題，你真正要問的是**我們的工作環境對你的精神有何影響**？這是一個大無畏領導者所問的問題。你所尋求的是類似以下這種答案：「讓我想想。在一週結束之際，我精疲力盡但也欣喜之至。有時精疲力盡多於欣喜，有時欣喜多於精疲力盡，但一向是二者兼具。」精疲力盡意味著這個人工作時盡了全力。欣喜意味著他認為他的工作有意義，而且他從工作中得到滿足。

當你提出這個問題時，你很可能得到迥異於我上文描述的答案。事實上，你從這個問題得到的答案，或許是沉默之後接著不自在的傻笑，困惑的表情外加咕噥一句「你幹麼在意」，或乾脆來一句「不干你的事」。這些答案也對你說明了許多事。忽略職場士氣的領導者是在冒險。除非你有意採取行動，改變現狀，否則不要問這個問題。

在你往下閱讀之前，請容我問你一個簡單的問題：**你在一週工作結束之際，感覺如何？**「精疲力盡」和「欣喜之至」這兩個詞是否是你答案的一部分？

29 你現在做什麼志工？

早期有段時間，我曾任職一家人力派遣機構。當時他們指派我去一家大型製造廠，工作內容包括為一個部門接聽電話等（容我簡短打個岔。為什麼一個組織會把一個臨時員工放在第一線、跟顧客接觸的職位？我一想到自己因為壓根不知道如何回答顧客的問題而說「對不起」，就想躲起來。過去我一直為此耿耿於懷，直到後來我察覺到，我似乎是唯一在乎此事的人，才不再覺得難為情）。

在那裡工作的那星期中，我聽到該部門幾名領導者討論其員工缺乏創意。當天稍晚，我看到那個團隊針對該公司保齡球隊面臨的一項重大問題，找出了創意解決辦法。在那之後，我經常思索這其中的矛盾。我知道那些領導者從某方面來說是正確的。在一個並不期待員工有創意的環境中，員工不會有創意。但同樣那批人在一個要求其創意十足的環境中就會創意十足。我還知道，如果那些領導者問：「**你現在做什麼志工？**」就可能擁有一支創意團隊。

人們會為其認同的主張而擔任志工，且會自願擔任那些可以充分運用其技能的工作。想想看你藉著提問這個問題而得知你組織裡被埋沒的人才。你可能對你發現的人才感到意外。一個可以訓練出一支奪標足球隊的會計師。一名在當地社區大學教水彩畫的行政助理。一位帶頭募款的客服人員。你可能會問：「那又怎麼樣？」到底怎麼樣呢？檢視一下你過去並不知道，或更重要的，過去未曾料到的埋沒之才。這是一個需要不動聲色聆聽答案的問題。你可能聽到挑戰某些堅定信念的答案，人之常情是你臉上出現懷疑的表情。請記住，驚訝或好奇的表情無妨。懷疑則是一種侮辱。

> 我也學到了：當我們開始彼此聆聽，而且當我們談論那些對我們而言重要的事情時，世界就開始改變。
>
> ——美國科學家兼作家瑪格麗特．惠特利（Margaret J. Wheatley）

你提這個問題所得知的許多特定答案都無法實際派上用場，當然，除非你希望你的行政助理能給你們的月報表畫插畫。但這些答案將迫使你以新觀點來看與你共事的人，看到各種不同的可能性，而且改變一些原本多所限制的期望。這種挑戰對領導者來說是有益的。

30 做為我們組織的一員，什麼事令你自豪？

這家公司知道他們必須做點什麼事。顧客滿意度下滑，員工流動率上升，沒有人想談士氣。激烈的競爭迫在眉睫。一群領導者接獲指示要為這個局面做點事，而且是快速做點事。一個接一個的會議製造出一個又一個點子。顧問聘來了，最後決策達成了。他們決定：「我們將製作一部短片，向全體員工說明，他們為何該對自己任職本公司感到榮幸。」他們還說：「我們將透過呈現這支大手筆製作的影片，向所有人證明未來前途無量。這筆製作費不要省，就把它做出來。」

於是，劇本寫了，演員請了，地點找了。片子開始製作，錢都花了。最後成果播放給經理團隊看，團隊成員彼此眉開眼笑。這部影片能奏效；現在事情將有所轉變。畢竟，他們沒把這筆經費扣住不用。

員工們被帶進會議室，還有人為他們奉上裝了葡萄汽水的塑膠杯。音樂很震撼，影像內容令人印象深刻。坐在會議室前排的領導群帶頭鼓掌，舉杯為那嶄新的承諾而慶祝，他們確信在座每個人都感受到那項承諾。員工排著隊走出會議室，一邊談論著他們的週末計畫。這時我聽到一個與會員工說：「我真不敢相信，他們企圖拿這種爛貨讓我們把帽子戴回去！」

除了我，似乎沒有人聽到這個人的評論。我好奇的跟著他離開那棟大樓，而且問他：「什麼帽子？」

他不假思索的說：「噢，我剛到這公司時，那是十五年前的事，我們全都戴著印有公司名稱及商標的帽子。我跟大多數人一樣，無時無刻都戴著那種帽子。我們希望別人知道我們在哪裡工作，我們對於自己任職本公司深感自豪。但我已經很久沒戴那頂帽子了。」

許多試圖提升士氣的組織都對外花了許多金錢、時間和氣力，卻忘了士氣是組織內部的事。請勿要求顧問協助你改善你組織的士氣。請從親自向你團隊成員提出這個問題開始，切實聆聽答案，並著手提升士氣。

31 你在過去這週學到什麼？

這是一個想法。學校從來不缺專業人員。這讓你有什麼感覺？很快樂還是很沮喪？對我們所有的人來說，繼續不斷正式學習，無論是在大學教室裡學，還是在企業訓練班裡學，都是必要的。但正式學習之外還有一種：領導者需要鼓勵員工去做的非正式學習。這是源於好奇及需要的學習。

幾年前我參加過一場介紹演說家的活動，當時我聽到鮑伯．普里查德（Bob Prichard）說：「你不學，別處有人在學。等你和別人晤面時，你猜誰技高一籌？」從那以後，我一直記得這個概念。做為領導者，你需要自問：你是否可以誠實的說，你的團隊如今比一年前更明智？如果你的團隊果真更明智，你知道他們是怎麼辦到的嗎？良好的業績有一部分意味著複製有效的行為，但你無法複製你根本不知道的行為。開始詢問跟學習有關的問題吧。

找出你團隊成員如何學習，可能是件令人著迷的事。你將找出那些從做中同時學習的人，有些人則是聽了才去學，其他人則是需要在理解什麼事之前看到一幅圖像（真實的或想像的）。一個獲得支援的自助式學習環境，其優點是每個人都能依其需要而學習。你可以是這種支援過程的一部分。你組織裡有圖書室嗎？室內有圖書和有聲書嗎？有人人可用的活動式白板嗎？你是否了解，漫不經心的亂塗、喃喃自語和在會議中站起來，都可能是個人學習的徵象？看起來彷彿你有很多事要學。

為何要這麼大費周章？因為競爭。你確信別人在學，如果別人學而你未學，你看起來就開始前途暗淡了。因此，開始問一些問題。誰知道呢，你說不定就此學到一些！

32 在工作上，帶給你歡欣喜悅的是什麼？

有些人日子過得彷彿喜悅是一件非常有限的資源。彷彿他們在出生時分到一定的喜悅量，童年時揮霍大半，現在做為一個負責的成年人，必須把剩餘的喜悅留到未來不特定的時間用。基於這些理由，為何還有人好端端地要把喜悅浪費在工作上？

讓我想想。藝術家經常把喜悅浪費在工作上。教師經常如此，我希望。我在沃索市（Wausau）最喜歡的餐館「往日情懷小館」（The Back When Café）如此。我常光顧的那幾個小販如此。我所認識最成功的一些領導者如此。那些年復一年蒸蒸日上的組織如此。如果你認同傳統觀點，把喜悅當做是瀕臨絕種的物種，那麼上述這些人都是傻子。果真如此，總有一天他們會用完手中掌握的喜悅，那時你不就是最得意的人？但如果這種傳統觀點錯了怎麼辦？如果你一生將盡，那份喜悅卻原封不動，未曾拿出來用，怎麼辦？

工作是表達喜悅的極佳場所。如果你觀察一下，會發現跟你敬重的人共事時，從事有意義的任務時，把天賦才能用出來時，都有許許多多快樂的小機會。如果你懂得這層道理，但認為你的工作未提供這種機會，那麼你若不是選錯了差事，就是注意力不足。無論是選錯差事或不夠注意，你都可以而且應該做些改變。

當你聆聽這個問題的答案時，請在心中記住上述概念。你組織中的人在他們的工作上找到喜悅了嗎？如果他們並未在工作上找到喜悅，那意味著什麼？你可以讓員工知道，他們所做的事意義重大，藉此協助員工在工作上找到喜悅。如今職場中有許多人完全不知道他們每天做的事影響到組織的成敗。一名顧客接待人員得了解，他接聽電話的方式，可能會讓組織接獲或失去有史以來最大筆訂單合約。一位擔任建檔工作的辦事員得知道，她每天的工作能讓客服團隊迅速回應顧客的要求。一個看設計師藍圖施工的管線裝配工應該清楚知道，由於自己的努力，他經手搭蓋的建築將庇護一家托兒所的幼兒。領導者的職責是協助團隊中所有成員了解到其工作的重要性。就這麼做吧，你會看到喜悅蔓延。

33 你做什麼事是純為找樂子而做？

對於那些覺得難以聆聽的人來說，這是個好問題。當你提問這個問題時，你的任務是觀察遠甚於聆聽。觀察作答者的臉孔亮了起來，軀體放鬆，他們的聲音也與活力共振。不要停止聆聽他們說的話，而是要特別注意此中轉折。作答者的答案因人而異，但他們的身體變化卻相似。當人們談到或做了讓他們高興的事，都會有相同的身體反應。

那也是笑聲在職場為什麼那麼重要的原因。喂，壓力是我們工作生涯中免不了的一部分。努力工作、重複性任務和種種令人害怕的情況，都導致職場壓力。但並非所有的壓力都不好。我們為找樂子而做的事通常也是努力做（試過挖個花園嗎？），反覆做（縫過床罩吧？），或是令人驚恐（有人高空彈跳過吧？）。但我們做那些活動時都很樂。了解到一個人的樂子可能引起另一個人的負面壓力，這是寶貴的一課。得知員工找什麼樂子的領導者，可在分派任務時，別出心裁的運用上述資料。如此一來，當員工談到他們最近投入的工作時，你或許會看到他的眼睛發亮。

聆聽這個問題的答案還有一項額外的好處。你會對你發掘出來、員工不為人知的絕技大感驚訝。這其中有自信領導、技術精湛及驚人創意的故事。你將發現你的團隊中有作家、業務員和發明家。我認識的一名領導者提出這個問題之後，在震驚之餘，安排了一場午餐時間的特殊興趣展示會。根據公司內對展示會上亮相員工才能的反應和展示期間的對話交談，該公司特地空出一間會議室，而且研發出一系列由志工委員會組織和經營的「如何……」課程。這些員工現在早早進辦公室，下班後留下來學語言、繪畫，以及為孩子的運動團隊磨練試算表開發能力。那是一個有趣的工作地點。

34 賦予你生命意義的是什麼？

這是個問起來危險的問題，如果你在眾人心目中向來不是一個思慮縝密的聆聽者、一個可靠的知己、一個體貼的領導者，就不要問。如果你沒那種風評卻要問這個問題，你將被視為是愛管閒事、打擾他人，甚至是騙子。

走進你最喜歡的書店，或登入亞馬遜網站，尋找有關生命和工作意義及目的的書。你將找到一大堆。就算你離不開商管書，你也將發現幾乎所有的商管書都有章節談到目的和意義。找到生命的意義極為重要。

你在辦公室裡晃晃，把這個問題拋給他人之前，你得自問自答。如果你第一次發問時，自己都無法回答這個問題，無妨，只要你願意把你自己不斷尋求的答案分享給他人即可。這個問題實際上是重過程而非結果。有些人在人生中早早就找到其目的，有些人隨著年齡成長而了解，還有些人需要許多年的時間和經驗，才能**頓悟**。真正失敗的是那些從未自問過這個問題的人。

找出精神學家弗蘭克（Viktor Frankel）所著的《活出意義來：從集中營說到存在主義》（*Man's Search for Meaning*）讀一讀，而且買這本書送人。仔細想想蘇格拉底（Socrates）的話「未經檢驗的人生不值得活」，並且把這句話印在卡片上送人。當你提出這個問題時，請聆聽對方所說（及未說部分），同時也樂意拿這個問題來問自己。

你學到什麼？

你已問了許多不同的問題。現在呢？首先，問問自己學到了什麼——關於你自己。

問了所有這些問題是什麼感覺？起初覺得不自在，後來愈問愈容易嗎？你也許會發現，許多人的答案沒完沒了，你因為必須聆聽而變得沒耐心。也許你過去自以為善於聆聽，但其實你不如自己想得那麼好。你可能發現自己熱切聆聽一些從未想過會感興趣的事。我希望你發現，人們變得更渴望與你談話，而你的領導聲望日高——不是因為你掌握了所有的答案，而是因為你問了最好的問題。

關於你組織裡的人，你知道些什麼？他們是多麼的不同，他們又是多麼相似？對於他們的工作、所關切之事、所在乎之事，你多常因為一無所悉而感到意外？我希望你現在更了解領導者的職責。當然，你需要確認事情有人做了、顧客滿意，但你的職責不只如此。領導者的職責底線是面面俱到，管財務也管恐懼，管生產力也管熱情，照顧到股東的價值，也實踐自己的價值。

這就是科學的本質：提出一個無關緊要的問題，你就會找到一個相關的答案。

——波蘭數學家雅各・布洛諾斯基（Jacob Bronowski）

你要拿那些答案怎麼辦？這時該擬訂一份行動計畫，還是該讓一個領導團隊退位，或該辦一場員工大會？你需要再次檢視你的使命、願景和價值說明嗎？改造你的訓練課程？還是重新設計你的辦公室？你是唯一能想出怎麼辦的人，但你知道你得做什麼。因此，開始做吧。還有，當你忙著做時，繼續發問。會問問題，你將是個更佳的領導者！

刻意練習問問題

- 你認為本章有哪些問題最令人深思？為什麼？
- 本章讓你想到其他什麼問題？
- 若問下屬更多私人問題，你覺得怎麼樣？為什麼？
- 你提出這類問題，員工如何反應？
- 你認為他們為什麼有那種反應？
- 本章有哪件事是你最想牢記在心的？

其他註記

5 在特殊情況下問的問題

——當狀況出現，如何危機處理

信任需要時間建立，

但卻可以在一分鐘之內喪失。

做為一個發問的領導者，你得小心以下這些破壞信任的行為：

問了問題卻不聽答案；

期待屬下花時間回答你的問題，

卻不花時間回應他們的答案；

把屬下的問題或答案當做枝微末節，不足以道；

錯失一個提問最重要後續問題的機會；

未對問題的答案加以保密

（除非你要求對方允許你與他人分享答案）。

領導者很少碰到整天都是例行公事的情況。他們多半每天都要面對一長串眾人期待他處理的獨特狀況。除了思考這些你在碰上普通領導統御互動時或許想要準備妥當的問題，還有什麼更好的辦法來應付特殊情況？底下我釐清了四種把問題準備就緒即有實質好處的特殊情況。

一、**向新員工提出問題**。領導者職責中最棒的部分之一，就是歡迎新員工加入團隊。我假設你的組織有一套為新進人員所辦的正式訓練課程（如果沒有，你就是有機會向公司提出需要舉辦這種課程的人，不是嗎？）。在這種特殊情況下，就是你個人花多少時間歡迎團隊新人的問題了。新人與新主管的第一次個人互動，會對新人造成無與倫比的衝擊。請用本節的這些問題，做為與你團隊新人展開有趣對話的辦法。

最好在不設定問題的情況下辯論問題，而非在沒有辯論的情況下解決問題。

——法國散文家、道德家約瑟夫・儒貝爾（Joseph Joubert）

二、**訓練和指導課程中的問題**。在多數組織中，領導者參與為團隊成員或其他部門成員所舉辦的某種形式訓練和指導課程。這種課程包括從正式的課程系統，到辦公室走道中非正式、自發性的交談。領導者是接獲指派或被選為擔任此一任務。認真看待這個角色的領導者（我的偏見是：如果你自稱領導者，那麼你就是認真看待此角色的領導者），將發現本節的問題頗有幫助。

三、**向新晉升之領導者提出的問題**。做領導者的主要責任之一就是找出、培養及指導新領導者。把一個人帶上其可能被視為（及可能被拔擢為）領導職的位置，會是一種強烈自豪感的來源。本節中的問題將協助你的新領導者建立信心，而且從全新的角度來看待其領導者的角色。花時間問這些問題，對你組織的未來將是一項有意義的投資。

四、**危機時的問題**。相信自己可以成為領導者而且永遠不必處理嚴重危機，挺不錯的。想起來不錯，但可能不切實際。在危機之前就思考自己的責任，絕對好過在危機時努力判定自己的責任。本節的問題將在危機一旦降臨你的團隊或組織時幫你一把。

你是否願意花時間找到合適的場所把本章所提的問題派上用場，深切說明了你個人是否堅持獻身領導職。本書其他問題或將在你提問時增長你的勇氣，或只是難以啟齒，或可能挑戰你組織的現狀。提問本章的這些問題將有助於你發問，而且必須成為你庫存問題中的一部分。

【向新員工提出的問題】

35 你為什麼決定加入我們公司……真正的原因是？

你記得上一次在一個新老闆手下接掌新工作的情形嗎？導致你決定接任新職肯定有許多原因而且相當複雜。曾有人問過你為什麼嗎？可能沒有。你何不做點不一樣的事，開始詢問新進人員：為何決定加入你的公司？

提出這個問題將提供你在幾個層次上的深入了解。你將得知你公司在業界的名聲。你或許可以深入了解你公司在薪資和福利上的相對狀況。你可能得知你做為領導者的風評。你將深切了解新進員工選擇加入你公司的決策過程。當你問了一個始料未及的問題時，你可以判斷對方的反應。這個問題能獲得許多極佳的資訊，你不覺得嗎？

這是重申「提問令人深思的問題時，保持緘默很重要」的好時機。多年前當我身處業務界，我學會一種寶貴的技巧。當時那是以業務技巧呈現，但我知道它在許多不同人和不同情況下都能奏效，舉例來說，包括業務員、客服專員、婚姻配偶、家長和領導者等。這技巧跟許多有效的技巧一樣，表面上看來很簡單，實則不然，它的做法如下：當你提問一個問題，在對方回答之前請閉嘴。

聽起來言簡意賅，不是嗎？試試看，你將發現這辦法執行起來有多難。我們多數人都對靜默感到不安，因此會跳出來把靜默填滿。這種行為產生許多後果——不同的情況產生不同的後果——但全都是嚴重的後果。在業務界，人盡皆知的常識是這麼說的：問題提出後第一個開口的人是輸家。當問話者在提出問題後自行填補了那段靜默，他們的確就輸了，而且是大輸。

這是一個用來練習同時發展你安於靜默的絕佳問題。問題最後的**「真正的原因」**幾個字，絕對需要回答者停頓一下考慮自己的答案。這些字眼促使回答者不提那個講起來口若懸河的迅速回應，那是他們在考量過你想聽的是幾分實話後準備好的答案。

因此，提問這個問題並安然等待，此時維持目光的接觸，然後再等一會兒。你將繼續感到驚訝，要得到某些問題的好答案，靜默是何等重要，而這個問題將提供你許多練習靜默的機會。

36 如果必須以一個詞描述我們的組織，你會用什麼字？

在稍長的答案中再加一些字句，未必能提供更多洞見。有時被迫簡潔的問題可提供易於比較的有趣答案。這個問題就落入這類題型中。

想像一下拿這個問題去問所有到職六個月之內的新進人員。根據你組織的規模、員工流動率及擴充速度，你可以輕輕鬆鬆研究及持續追蹤這種一個詞的答案。這件事有什麼價值？我想到三項價值。

一、隨著你那張描述性字詞清單愈來愈長，你可以相互比對，看看加入你組織或部門的新人是否期望一致。如果半數新人答「有趣」、「活力」及「創意」，而另外半數新人則答「穩定」、「傳統」及「體面」，你認為這意味著什麼？我對這種回答的分析是，作答者中有一半的人將會失望。至於是哪一半，這有賴於你來決定。諸如此類的分裂性回答說明了，你並未在你的職場建立一致的形象。一套討你喜歡的一致性回答告訴你，你的形象完整。你不喜歡的一致回答則意味著你得採取某些行動。

二、隨著你這張清單愈來愈長，你將深入了解人們對你組織或部門的觀感。領導者要對他人的觀感及事實負責，你或許也發現，新人加入你團隊時是什麼感覺。等到更晚才知曉新人的感受，絕不是傑出領導者會有的行為。

三、持續追蹤你問過的人、他們如何回答以及你何時對他們提出問題。利用一個時間點，例如新人到任後滿四到六個月，再拿這個問題問一遍：**現在你加入我們已有一陣子了，你會用哪一個詞來描述我們的組織？**再度提問此事，並將前後答案加以比較，將讓你深入了解新人在成為你團隊成員之際，是否有現實與期待的落差。

我想像這個問題的價值僅限於上述三種可能，別讓這個事實阻礙你的思考過程。你還有什麼利用這些資訊的其他辦法？想想看。

37 我可以問新進人員哪個最棒的問題？

對那些知道發問的價值和威力的領導者來說，魂牽夢縈的都是該如何找到更好的問題。除了開口要，還有什麼更好的辦法可以找到好問題？

在你的組織內徵求問題可以擋一陣子。每個領導者，即使是不把發問當做優先要務的領導者，都有一些例行詢問的問題。但你常發現，這些例行問題都圍繞著特定主題。向來自不同組織背景的人徵求新問題，將提供你一套全新的備用問題。

但向新人提出這個問題另有一個不那麼自私的理由：新人對這個問題的反應，將讓你深入了解其是否安於一個會發問的領導者。有些人熱心分享問題，有些人以反問來支吾回應，還有人會瞪眼發愣，彷彿你說出世界上最奇怪的問題。

熱心分享問題的人，若非向你說明了他們來自一個問題多多的文化，就是了解到「問題」的威力而且樂於分享。協助這種新員工，強化他們對發問的堅持，並鼓勵他們找到新問題時拿出來分享。

對這個問題支吾回應的人會讓你知道，他們在應對常發問的領導者上並無豐富經驗，但仍願意參與此事。這時領導者切記要感謝他們的貢獻，並鼓勵他們未來多問。在不久後的未來，以溫和的提問讓他們記住，協助他們了解你領導風格中的這個部分。

瞪眼發愣的人較難判讀。他們可能是被一個會發問的領導者弄迷糊了，可能是因為與新主管的這種程度互動而受到驚嚇，或真的對一個徵詢其意見之領導者的行為感到意外。無論哪種解釋是正確的，都不要直接下結論。如今你的職責是：找出新人究竟是哪一種狀況（或其他許多解釋中的一種）。

無論你碰上這個問題的哪種狀況，提問這個問題，就跟在正確的時間向適當的人提問好問題一樣，你將獲得未來派得上用場的寶貴資訊。

38 有什麼問題是我可以回答你的？

如果你並未在會見新員工後不久即問這個問題，如果你不保持緘默夠久的時間讓新人回應，而且如果你不真誠回答新人所提的任何問題，你就失去了未來讓他們積極回應你這種發問式領導風格的機會。這個問題不只是提供資訊，還是設計用來展開建立信任的過程。

信任是領導者的典型特質。少了信任，就不可能成為領導者。你可以是經理、老闆、獨裁者或統治者，你可以命令員工做事，要求員工遵守規定，驅使員工行事而非喚起員工的恐懼，或要求員工服從，但你卻無法鼓舞自信，鼓勵創意，或讓員工感到自豪。你就不會是一個領導者。

信任是透過大大小小的行動而建立和維繫。以尊重的態度發問，而且根據員工的答案採取適當行動，是領導者與屬下建立信任的辦法之一。另一種辦法是展現你真正願意聆聽你團隊或組織中所有成員的回應。提問一些預期之外的問題又是另一種建立信任的途徑。

信任需要時間建立，但卻可以在一分鐘內喪失。做為一個發問的領導者，你得小心以下這些破壞信任的行為：

- 問了問題卻不聽答案。
- 期待屬下花時間回答你的問題，卻不花時間回應他們的答案。
- 把屬下的問題或答案當做枝微末節，不足以道。
- 錯失一個提問最重要的後續問題的機會。
- 未對問題的答案加以保密（除非你要求對方允許你與他人分享答案）。

> 如果問題終究能提出來，那麼它終究也能回答。
>
> ——奧地利哲學家維根斯坦（Ludwig Wittgenstein）

如果你因為頭腦短路而有近似上述行為之處，請立刻道歉，一再道歉，公開道歉（當然，除非道歉會洩漏祕密且造成你愈補愈大洞），接著著手重建你失去的信任。

請記得，就算涉及此事的人接受你的第一次道歉，說是「別擔心，這是小事」，也不要相信他。無論如何，請微笑，點頭，努力重建信任。

【訓練和指導課程中的問題】

39 你帶到職場來的長處是什麼？

當你身處訓練課程，我相信這是一個最佳的開場問題。不只是因為員工很容易答，絕對不只。我們之中許多人滿腦子塞了童年時聽到的勸戒，像是「不要誇大」、「要謙虛」。懷抱這種信念的人通常最難清楚說明自己的長處。有些人多年前就放棄嘗試，因為他們在鼓勵自己時所萌生的罪惡感，跟他們心中自豪的感受相衝突。如果人不是那麼複雜，領導難道不會更簡單些？但了解自己的長處對通往成功而言相當重要，也就因為如此，協助他人將其長處彙編成一張清單，就成了領導教練的職責。

傳統觀點建議領導者有責任要找出、指出、有時甚至是克服員工的缺點。這傳統觀點似乎是又錯了。蓋洛普公司（Gallup Organization）最近的研究顯示，專注於指出及培養員工長處的領導者，將比專注於改善缺點的領導者，看到員工進步得更多而且更快。

員工的優點清單需要具體而明確，以便有所幫助。教練及指導人都知道，「我廣結善緣」這個回應實際上是多麼無用。因此這個問題需要一些自然而然的後續問題：

- 對你來說，「廣結善緣」是什麼意思？
- 你如何廣結善緣？
- 你能給我一個你廣結善緣的例子嗎？
- 在那種情況下，你所做的所有事當中哪一件最有效？
- 那次事件之後，你獲得何種回饋意見？
- 長期下來，你如何磨練那種能力？

這些後續問題都是設計用來協助你的學員，讓他們以實際用語了解自己真正的長處。經過這種對話，「我廣結善緣」變成「我知道如何協助兩個陷於衝突的人，找出一致的立場而且順利合作」。就釐清自己的長處以便磨練發揮而言，這個答案好太多了。

40 你需要學習什麼技能？

在上個問題的討論中，我建議教練讓學員發揮磨練其長處，遠比努力消除學員的弱點來得好。我希望我沒讓你誤以為你完全不必管學員的弱點。這是一個把你帶向弱點這個棘手領域的問題。

沒有人喜歡想到自己的不足（遑論是談到），特別是與老闆一起想。但問人家需要學習什麼，卻是完全不一樣的事。如果你向自己提出這個問題，我會給你一串答案，包括這輩子的幻想（水彩畫）、務實的延伸目標（寫小說），以及一項實際影響我工作的弱點（如何以嚴正的言語和行為回應同事）。把我頗有自知之明的一項弱點放進這張清單中，比起不假思索就說我實在拙於給人回饋，讓我覺得比較安全（事實上，我的確也拙於接受回饋，但我對自己甚至不承認這一點。以學習角度看弱點的妙處就是，如果我進了一間滿足我部分發展需求的教室，我很可能在其他發展上也得到練習）。

無論就短期或長期而言，特別為最近的未來而設計的務實學習計畫訓練課或指導課，將使你和你的屬下獲益良多。

41 你需要練習哪些技能？

當教練和指導員提出這個問題，他們是在兩個領域承擔責任：訓練課程的品質及工作經驗的品質。這幾個字涵蓋許多面向，不是嗎？

讓我們從訓練開始談。傳授大量資訊卻缺乏足夠時間讓學員發問和演練的訓練課程，是在浪費時間。成年人是在做中同時學習，而非聽了才學。想像你在觀察一堂有關訪問技巧的課。你看到學員聆聽講師的說明，有些人甚至記筆記。現場播放影像，展示訪問進行得順利和不順的幾種情況。影片播放之後，有一段簡短的討論；講師要大家提問題，並回答了幾個學員提出的問題。眾人填了課程評估表，離開教室。你看到任何問題了嗎？

試試看另一種情況。想像你在觀察一堂關於開心手術的課。你看到學員聆聽講師的說明；有些人甚至記筆記。現場播放影像，展示手術進行得順利和不順的幾種情況。影片播放之後，有一段簡短的討論；講師要大家提問題，並回答了幾個學員提出的問題。眾人填了課程評估表，離開教室。你希望讓這些外科醫師幫你動刀嗎？

你或許質疑，把訪問技巧和開心手術相提並論是否公允，但請這樣看：一個為你組織聘用重要員工的人所使用的那套技能，不如那位走進手術室中，為躺在手術檯上的你動刀的外科醫師所具備的那套技能重要？你得要求員工參加的訓練課程都是由專業人員所設計，這些專業人員知道成年人如何學習，而且讓演練成為課程中最重要的一部分。

一旦員工學會一種新技能並且在學習場所加以演練，他們就必須有能力在真實情況中使用這項技能。這就是這個問題中工作經驗品質的部分。如果一名外科醫師告訴你，他在教室中擁有豐富的開心手術經驗，但你將是他第一個正式病人，你不會感到泰然自若，是吧？你會希望他已在別人的協助下開過多次刀，而且你會想知道他為你動刀時，旁邊有一名經驗豐富的外科醫師。

至於你的員工學員，在他們上過你核可的課程後，他們如何獲得真實世界的經驗，以此強化自己在模擬真實狀況的情境中學到的東西？你需要協助他們在使用新技能時，獲得適當的任務指派及適當的支持，並且獲得其他適當的回饋意見，協助其精鍊他們新學會的技巧。

而你以前還以為當教練是件輕鬆事！

42 在我們組織中，你需要認識誰？

無論什麼企業都是以人為中心。我會在任何時間、任何地點、就任何情況為這句話辯護。領導者認識的人比較多，通常是因為他們在公司裡待得比較久，有較多的機會跟組織內外的人面晤及交談。當一名領導者從一家公司離職轉往另一家公司時，他們很可能在上班時間仍與原公司的人保持聯絡。領導者的部分職責，就是協助他人建立彼此的接觸聯繫。就此而言，再沒有什麼比訓練及指導課程更有助益。這個問題是設計用來讓你腦海中那份通訊錄動起來。你聆聽學員對這個問題的回應，而且找出一個你可以建議的人做為聯繫對象。

學員需要尋求其他人的資訊、觀點或建議。這三種情況都有本身一套要求。

一、**尋求資訊**。你需要協助學員把他自己的一些問題架構好，如此一來當他找尋資訊時，才會找到正確的資訊。通常你可以建議他打通電話聯繫，除非他想找的是詳盡或大篇幅的資訊。務必確認你允許學員在尋求資訊時提到你的名字。

二、**尋求觀點**。當觀點是兩個人互動的目標時，面對面的會談也許有其必要。學員要求的不只是一個迅速的答案，而你是把你的學員送去占用他人如今最寶貴的東西——時間。在這種情況下，你可能需要親自打電話說明或推動這次晤談。

三、**尋求建議**。我曾帶過一名苦於平衡事業發展和幼兒照顧的女性。我對自己有關公私兼顧的事記得很清楚，但我的經驗是好多年前的事了，現在很多事都有所改變。我致電一個我認識的成功職業婦女，詢問她是否可以花點時間跟我的學員談談，協助學員找出讓她兩全其美的策略。建議是一個遠比資訊或觀點更大的要求，我得做點投資，針對如何回報問問我的朋友。後來是有天晚上我陪她的孩子吃披薩，讓她加班趕一份重要報告，那天真的很有趣。

無論你的人脈是什麼形式，請務必提醒你的學員有關良好社交人脈的基本禮儀。你是從你母親那裡學會這套禮儀，如果你沒學過，借用我母親教我的吧：請，謝謝，還有，有求於人的人付帳。

43 你希望五年內能做什麼事？

你並非為了自己聽到答案才問這個問題，你是為了讓學員聽到他們自己的答案才問。這是一個設計用來協助員工了解他們應該為自己未來築夢的問題。我們還需要人家鼓勵才敢築夢，這難道不悲哀嗎？你問一個六歲孩子，他會給你一張他想做之事、想成為哪一種人的清單。你問一個三十六歲的人，他們通常會結結巴巴、支吾其詞。別讓他們閃躲。當領導者以教練之姿提出這個問題時，「我不知道，我認為我從未想過此事」，並不是一個可令人接受的答案。

你要施壓。讓學員想想。明白告訴他們這個問題的答案沒有對錯。如果他們承認自己私下著迷的事，與撰寫一部偉大的美國小說或與自己開公司有關，那也不是自毀前程。如果他們透露想要你的職位，也不要把他們從升遷名單中剔除。讓他們知道你也有五年夢想。

【向新晉升的領導者提出的問題】

44 你認為我們為什麼要晉升你？

提出一個需要自我評價的問題，對發問者和作答者都極具價值。作答者面對自我評價這個當下的挑戰，而且從發問者那裡獲得深入的了解。

這個問題將提供發問者有關組織內如何看待升遷這回事的資訊。人們會將他人的升遷歸於某些理由，而這些理由多半很有趣。這些理由中跟他們自己升遷相關的則更令人拍案。你將獲得無知、嘲諷及離譜的回應；也將獲得一些真知灼見、思慮縝密及精確的回應。你將發現有些人在你發問時困窘不堪，有些人則等不及要滔滔不絕——長篇大論，巨細靡遺。考量到問題的多元回應，你究竟是為什麼提出這個問題？你的提問是要決定你的領導職升遷程序運作得有多好。

每一次澄清就滋生更多新問題。

——美國商人亞瑟・布拉克（Arthur Bloch）

一個精確反映你在你的組織所希望的領導行為，和升遷人選所具備的能力之間力求平衡的答案，會讓你信心飽滿。適當的領導訊息會透過拔擢程序本身及獲得升遷的人選傳送出去。這對你和你的組織都是好事。如果這個問題的答案與實際情況有出入，你就有事要做。

很遺憾的是，在許多組織中，領導職的升遷並非取決於特定人選可供辨識的未來領導潛能，而是取決於此人過去在技術上的表現。請不要誤會，我深知領導者須具備高標準的技術專業，我也深知要找到一個既懂技術又識人的領導者常是一項挑戰。但此事很難，並不表示此事不可能。我們稱工作中的技術層面為**剛性**，與人相處的一面為**柔性**，這不表示剛性的東西就比較重要。事實上，有人會說（許多人都說）領導全是柔性之事。

新領導者對這個問題的回應如果忽略考量柔性事項，你就應該提高警覺、升高警戒。人無法知道自己所不知之事，一個被任命為領導者的新人或許不明白自身新的職責範疇。你可能需要在新人開始擔任領導職之際悉心指導。

45 你碰過的最佳領導者如何行事？

我原本從事顧客服務訓練工作，一直到我開始把差勁的顧客服務視為提供我更多素材、讓我享有更高的工作保障、而且讓我有理由慶祝的意外驚喜事件為止。這是一種反其道而行的世界觀，因此我改變了工作重心。

我擔任講師的客服訓練課程中有一個活動與此相關。由於人人都當過顧客，因此我要求學員分享他們碰過最糟糕的客服經驗。然後我們列出一張令人無法忍受的客服特性表。我把學員的答案謄在白板上，接著告訴他們，如果他們自己有那些行為，也不必覺得罪惡。我可以補充一下，這套辦法進行得很順利，因為我們都曾是受到差勁待遇的消費者，而且我們都能指出客服人員的處理是出了什麼差錯。

同樣的這套技巧也適用於領導，特別是當你把它用在積極詮釋上時。當你問「你碰過的最佳領導者如何行事？」時，你是在要求新領導者指出他曾經驗過的優秀領導行為。我們都曾接受他人領導，而且我們都能夠指出哪種方式奏效。聆聽屬下對這個問題的答案並支持其選擇的行為，就是給新領導者一份信心，讓他相信他具備擔任領導者的潛能。要求新領導者採行他們經歷過而且受惠的正面領導行為，遠比拿一大堆你自己在有效領導上的構想讓他們埋首研讀來得有效。

隨著時間的累積，當你與新領導者的對話日漸深入之際，你可以拿這些初期行事方法來質疑他們。隨著他們對領導職愈來愈有自信，隨著你日益了解他們的領導長才及發展需求，你可以建議他們磨練其他技能，以及學習和研究這些技能的方法。

46 要成為一位偉大的領導者，你需要學習什麼？

你為什麼要問這個問題？為什麼要提出任何問題？發問為的是學習。這個問題直指一套理念的核心，這套理念認為人人皆非天生的偉大領導者，人是因為學會了如何領導，才能成為偉大的領導者。

（註：請謹慎提出這個問題及下個問題。如果你和你的組織無意或無現成的

系統可提供學習及支援活動給新晉升的領導者，請不要問這個問題。問了不公平。）

如果我必須猜，我預測你將聽到形形色色的答案，從「我不知道」到「我有一張學習清單」，不一而足。請想想對這些形形色色答案的反應，我也分享我的一些想法。

作答時拿出一張想學習或需要學習的領導行為清單的人，需要有關設定輕重緩急的協助。如果你不幫他們抓出領導職學習目標的重點，他們很快就會因為自認不懂的事物範圍廣闊，而變得不知所措。他們需要你的指點，先選出一項行為或技能來學。基於你對此人所領導之團體的了解，以及該團體目前領導階層的領導技巧，你對從何著手、有哪些可用資源等事項，提出一些建議。請做好極短時間之後就追蹤新領導者的準備，確保他們仍掌握重點，未陷入「我什麼都不會，我不知所措」的陷阱中。

回答「我還不確定」的人需要更多問題。你得協助這種新領導者探究優質領導技能的範圍，而且想個辦法找出他們應該切入其領導學習計畫之處。如果你問過「你碰過的最佳領導者如何行事？」，你就約略了解這人對優質領導的觀點，而且你可以利用他的答案做為著力點。

若是新領導者對這個問題直接回答「我不知道」，這表示你自己得下一番工夫。我最擔心的是，新領導者是否認真看待他的新角色。我希望每個初任領導職的人都花點時間，思考他們自己需要學些什麼，以便成為一名有效率的領導者。我會一邊努力不讓自己出現明顯的負面評斷（那可能是你不必處理的事，不是嗎？），一邊暗示我們需要繼續對談一陣子，直到新領導者明顯出現後續動作。

離題一句。如果你可以影響你組織的訓練課程，這個問題應該讓你很好奇：你如何在組織中培育領導者。這將是一探究竟的絕佳時機。

47　在你升任領導職的此刻，我們該如何支援你？

請審慎考慮這個問題。就此發問表示你嚴肅看待領導職，如果你既無資源且無意提供你在問題中談到的支援，卻還要多此一問，那就是不誠實。但就算你對新領導者並未提供正式課程，你仍然可以支援其多方努力。畢竟，你是他們的領導者。

大致來說，支援是領導者職責中的一個關鍵面向。事實上，在員工完成任務的過程中提供支援，就是領導者職責中最大的一部分。你的支援行動將有許多形式，但那些行動都只是新領導者各式支援系統中的一環。

領導者在扮演角色模範時提供支援。從年輕時的超級英雄，到成年後激勵啟發的人物，我們始終迫切渴望有人向我們展現該有怎樣的行為舉止。這種「依樣畫葫蘆」源於我們最早的學習方式。我們如同幼兒，觀察周遭之人，模仿他們的行為，而且習得世界是如何運轉。領導者可藉擔任角色模範來提供支援。

領導者在為其團隊突破障礙時提供支援。領導者在為其團隊解決問題時，並不是在領導。但領導者如果與團隊事務保持距離，也不是在領導。當領導者協助團隊釐清其所致力解決的問題、針對議題提出更寬廣的看法、就特定解決方案提供回饋意見、在即將執行任務時提供資源管道，或當問題已非團隊職責所能掌控時向上級組織據理力爭，這種人才算是適任的領導者。領導者在適度排除障礙時提供支援。

領導者在聆聽時提供支援。有時人們需要一個吸收其想法和點子的吸音面板，這個面板無法回話，但能反射自己的想法和點子，讓團隊能以全新觀點來檢驗運作的狀況。在需要清晰澄澈時，人們要的是一個能發問的面板，良好的聆聽行為讓領導者既能吸音又能回話。當他們聆聽時，就是在提供支援。

練習上述步驟，並在你的所有領導技能中增加其他支援行動。對一個領導者來說，或許再沒有什麼比培養新領導者更具有成就感的事了。栽培新領導者的額外好處是，你將成為一個功力更佳的領導者。

【遭遇危機時的問題】

48 你還好嗎？

危機當前，這個問題對不同的人有不同的意涵，這一點無妨。有些人猜你是問他們的身體是否無恙，而他們會從那個角度回答。有些人猜你是問他們心情如何，而將從心情角度回答。還有人會感謝你關心他們的身心狀況，他們會從心目中的這種解釋來應答。無論他們認為你是在問什麼，他們的答案都將合情合理。

在遇到危機時，人們仰賴領導者把如何言談舉止的線索告訴他們。緊急情況時，領導者最不該做的事就是避而不見。如果你不見人影，你的屬下會為你的缺席找理由，任何一個理由都不利於你或你的領導。你的組織、你的領導團隊、你的屬下，或在某些情況中的社會大眾，經不起你這樣不見人影，躲在發言人之後，眼神不與眾人接觸，或一再重申**無可奉告**（其實不說**無可奉告**，也還有許多不發表意見的辦法。請向專業人員請教）。危機愈大，領導者就愈要讓人看得見，愈是平易近人，愈能讓人找得到。此事沒有藉口，沒有例外。

也許有一個小例外。如果你面臨重大危機，重大到讓你問每一個人「你還好嗎」的時間都受限，請指定某些人代替你問這個問題而且聆聽答案。把這些代理人一齊找來，向他們說明：「我們得做的頭一件事，就是檢查我們團隊的每一個人是否無恙。我希望你們每個人都盡可能跟團隊成員詢問，問他們是否一切都好。」然後，規畫你的時間表，把你的代理人派出去發問及聆聽，再把他們聚在一起，討論團隊成員的反應，而且規畫下一步行動。這種例外情況，並不允許你從那些依賴你領導的人面前銷聲匿跡。我同意你在平易近人和讓人找得到這兩項上可有變通出入，但讓人看得見這一項沒得商量。

好問題勝過簡單的答案。

——美國經濟學家保羅・薩繆森（Paul A. Samuelson）

如果上述說明你還不懂，讓我再試一下。想想九一一恐怖攻擊後紐約市長朱利安尼的作為，這道理你明白了吧？

49 你需要知道什麼？

危險引發恐懼，而我所知唯一平息恐懼的辦法是掌握資訊。做為一個領導者，你在遇見危機時的職責是讓人看得到，讓人找得到，而且平易近人（請見上個問題的說明），同時成為所有消息的泉源。你會說，不可能。我想我同意你的看法。這事的確不可能，但領導者本就需要找出危機時如何實現此事的辦法。

就我所了解，成為消息泉源的唯一可能是結合兩件事。第一，你需要擁有自己的支援小組，這個小組是由找得到的最聰明人才組成，而且可以迅速動員。其中有些成員得知人善任。這些人徹底了解領導工作中**柔性**的一面。其他人需要的則是技術高手，能推動公司的業務，並讓公司與眾不同。這些人未必是領導者；事實上，這些人當中有些將是前鋒悍將。你得確知他們是誰，如何在倉卒之間把他們找到你跟前。這支隊伍組成後，就可以上陣了。

你將是先頭偵察兵，跟隊員對談，並問他們需要知道什麼。隊員的有些反應是你有能力立即回答的，他們要求的某些東西則非你或你的團隊可立即提供。那就是這套策略的第二部分所能夠使力的地方。

讓柔性技巧專家來追蹤那些懸而未答的問題，並回應那些提出問題的人。當資訊到位，研究完成，答案找到，柔性技巧專家的職責是公布細節資訊，把正確答案傳給適當的人。如果在這類問題的問和答之間有一大段時間落差，這些人也有責任定期更新資訊及紀錄，以免有人覺得他們要求提供的資訊並不重要，或更糟糕的，以為他們不重要。

如果感覺起來這好像很費事，的確如此。危機的規模將決定你資訊發布程序及系統的複雜度。請不要忽略究竟最初是什麼理由讓你需要做這一切。

你是領導者。你和你的團隊現在正要通過危機考驗。你問了一個優秀領導者會提出的問題：**你需要知道什麼？**

50 你需要什麼？

此時此刻再看一次上個問題的答案。也許你召集起來回應上個問題的小組成員，將繼續處理提出這個問題的後果。接著，你還有一件事要集中精神去處理。

當遇見危機，各種情緒激昂高漲，你很容易就答應一些你希望可以提供、但當問題提出時你又不確定自己是否辦得到的東西，同時因此惹出大麻煩。人們不會等閒看待這些允諾。請記得，他們是透過自己的情緒來聽這些允諾，並且經常牢牢抓著你的諾言當成實際救生索。收回一個挹注了大量情緒的諾言（即使只是暗示的諾言），在最佳狀況下是令人不安，最糟則是災難一場（後果還可能比原始的危機更嚴重）。

因此領導者要怎麼辦？只承諾那些你依個人職權即可實踐，或你自掏腰包就能兌現的事。超出這個範圍的事，且慢，仔細聆聽，把事情或需要記下來，並以類似下列的語句回應：「我聽到的是你需要……（重述此人要求的重點）。請稍候，等我確認。」或是「現在同仁有許多要求都沒辦法立即滿足，我對你的要求一樣重視。我已把你的要求連同你的聯絡資訊記下來。我向你保證，我會在……（合理長度的時間）之前跟你聯繫。屆時我們對整個情況會掌握得更好，屆時我將可以精確回應你的要求。」

把這個意思用你自己的話說出來，並加以練習，它就會變成你自然流露的一部分。與你的危機小組討論，確認他們都了解，小組中任何一個人做出了事後辦不到的允諾，將對整個小組形成衝擊。請援用顧客服務的那句舊格言：低承諾，高實踐，少說多做就沒事。

你學到什麼？

如果先前你不太相信領導者經常要面對特殊情況，那麼讀完這一章，你肯定了解到多數領導者都必須處理某種形式的特殊狀況。正是這種特殊的、意料之外的、不尋常的時刻，賦予領導一職超越單純的監督員工履行職務、按預算準時完成計畫、為顧客提供服務等工作。這種特殊時刻使得「藝術」成為領導科學中不可或缺的一環。也正是這種特殊時刻，使得領導者角色成為一個令人欣欣然揮灑創意之處。

不同組織、不同產業和不同團隊的領導者都面臨迴異的特殊情況。我在本章集中討論的都是相當常見的案例。但我不知你的特殊情況是什麼。根據你周遭組織過去的歷史，你認為你在未來十二個月會面臨哪些特殊狀況？這是利用以下問題練習題列出你未來可能遇到的特殊狀況的好時機，你可藉此集思廣益，想想一旦發生特殊狀況，哪些問題可以派上用場。

有效的管理永遠意味著提問適當問題。

——美國作家羅伯特．海勒（Robert Heller）

我曾與一位優秀的領導者共事多年。他經常告訴他的團隊：「不要給我出任何意外。」他說到做到，他的團隊成員也知道這話當真。我曾看到他跟團隊裡的一名女性成員談話，當時這名成員的小組遭逢意外，並就此事端上了領導者的檯面。那場面並不好看，也絕非領導的好例子。但在另一方面，當涉及顧客的那件意外發生時，我也當場見識到他處理顧客的問題，那是一個他原本不知但長期存在的大問題。這位領導者跟顧客對話時的態度，與跟團隊成員的態度截然不同，彷彿換了個人似的。事實上，如果我不是兩個場合都在場，我絕對無法相信同一個人會有如此不同的行為。因此我發問。

「為什麼當你跟顧客談話時，如此的冷靜而威嚴，但跟屬下談話時，卻如此失控又漫無頭緒？」

他說：「我花了許多年時間思考及設想當顧客有問題時，我要問什麼問題，但我從未想過當我的屬下讓我失望時我要問什麼。」

無論你當領導者多久，這會是一個好主意：把這些事從頭到尾思考一番，研究出一套搭配情境的問題，並加以練習。

刻意練習問題

- 你覺得本章哪個特殊狀況的說服力最高？為什麼？
- 你目前面臨其他哪些特殊狀況？
- 你需要為那些特殊狀況思考什麼問題？
- 你如何回答那些問題？
- 本章有哪件事是你最想牢記在心的？

其他註記

6 如何回答問題

——也不能只問問題，卻從不回答

花時間告訴屬下如何做、
如何想以及如何感受的領導者，
和創造一個讓屬下提出各種深思熟慮的問題
而且知道該回答其中哪些問題的領導者有所不同。
領導者問愈多問題，就應該期待會有更多問題出現。
這是擴充你領導技能的好時機。

在如今紛亂的企業環境中，為什麼許多人仍堅信有個二流答案比有個一流問題來得好？人們買了千百萬冊談論領導的書（但願有些人是真正讀過那些書），為什麼仍然期待領導者下達指示，而不是發問？我不知道，但我不知道也無所謂。

過去幾年，我把樂於成為一個發問的人當成我的事業。我無法確切指出究竟是什麼原因，造成我把焦點從一個答題專家轉變為技術純熟的發問者，但我可以報告我的結果。人們認為我變聰明了，更具洞察力，而且更和藹可親。本章是試圖協助身為領導者的你，成為一名更佳的發問者。這本書的第一個部分提供你機會，學習及練習那些你可以提出的問題，藉此成為你組織裡獨樹一格的領導者。現在我希望你想想如何回答問題。我突然想到，你讀到這裡，可能會有問題要問我：「克莉絲，你才說服我說領導者的角色是提出好問題發問，現在你又說我得有答案。你把我弄糊塗了。」我很想故意讓你一頭霧水，並提醒你，片刻的困惑混淆常是高度創意和學習的發端，但我不願意為難你，所以我將說明如下。

花時間告訴屬下如何做、如何想以及如何感受的領導者，和創造一個讓屬下提出各種深思熟慮的問題而知道該回答其中哪些問題的領導者其實有所不同。領導者問愈多問題，就應該期待會有更多問題出現。這是擴充你領導技能的好時機。

人們會基於各種不同的動機，向領導者提出**你覺得怎麼樣**這個問題。最好先想一下再回答這個問題。如果對發問者而言，陳述意見和理解力更為重要，那麼領導者可以用反問另一個問題做為回答：**「更重要的是，你覺得怎麼樣？」**這項技巧並非迴避問題，而是向發問者挑戰，要求他們在負責和專長的領域表現自我。另一方面，如果**「你覺得怎麼樣？」**這個問題真的是試圖得知你的看法，或從你那裡汲取豐富的專才，精明的領導者將採行教育者角色，明確回答。

本章是專為協助你通盤思考一些問題而設計，這些都是你做為一個領導者可能被要求回答的問題，並非是你將被問到的所有問題。事實上，在多數職場中，這些問題其實很少被問到。它們是表象之下的問題；員工其實在問：「你是誰，我為什麼應該聽令於你？」這些是關於價值及利害關係的問題，含有潛在訊息；問的人將難以啟齒。不要自欺欺人。即使員工未大聲問出來，他們也會看著你的行為悄聲問，並為你決定一個答案。你創造一個發問的文化，就有機會由你親自來回答這些問題。

但更重要的是，這些都是你應該自問的重大問題。請接受挑戰！

問題將我們帶回人際接觸。

——溝通顧問、知名演講人桃樂絲・里茲（Dorothy Leeds）

51 在接下來的十二個月中，你認為你的組織將發生什麼事？

這是願景問題。在我最喜歡的談領導之書《模範領導》（*The Leadership Challenge*）中，作者詹姆士・庫塞基（James M. Kouzes）和貝瑞・波斯納（Barry Z. Posner）提醒讀者，領導者的職責是為組織想像那些有別於平凡之事。正因為如此，員工才會問這類問題。他們企圖了解、釐清未來，並對未來感到刺激振奮。如果他們從領導者那裡得不到有關未來如何的答案，他們會覺得迷茫、漫無目標，而且害怕。

我曾列席許多領導團隊會議，我記得部分會議中，有領導者斷言他們為何不可能回答這個問題。他們的藉口很多。「組織裡正在發生的事是機密訊息。」「一旦事情有所轉變，我們將有時間處理這個哲學問題。」「如今競爭讓我們苦不堪言，我們可能沒有未來。」「我們毫無頭緒。」這些都是利用頭銜假借虛偽託詞的領導者的回應。即使受限於業務機密，難道你什麼都不能說嗎？如果你不知道我們正面臨的方向，你如何能讓事情有所轉變？我們整個團隊為什麼不應該全力溝通對話，協助大家了解並打贏這場競爭？你怎麼會一無線索，毫無頭緒？領導者必須談論未來。無時無刻不在談。一有機會就談。

你的領導團隊會議是什麼景況？也許這該是你們一起討論這個問題的時機。無論你是團隊領袖，還是團隊成員，請提出這個問題對談。如果你是組織裡的中階領導者，把其他中階領導者召集起來討論。極其普遍的情況是，大家都推測這種事是組織中**真正**領導者的責任。這絕非事實。真正的領導者存在於組織中的各階層，這些人的願景必須是目前有關未來之對話的一環。

組織上下都知道你是個會思考、談論及關心未來的領導者後，請開始拿這個問題反問那些問你的人。請幫助他們了解到，當他們分享其獨特觀點時，就是在協助整個組織，也就是在自助。

如果你根據今日所知來談未來願景，事過境遷又修正你的觀點，這將不會削弱你做為一個領導者的信用，只要你將改變中的各種情況和你修正後的未來願景皆如實以告即可。如果你指出一些導引你個人及組織行為的堅定價值，無論未來如何，都將提升你的領導威信。如果每次有人問到這個問題，你都提到一些超越尋常之事，那將使你的組織向上提升並聚焦發展。

52 我們這個產業的未來如何？

我一向了解「見樹不見林」這句話，但我直到遷居威斯康辛州北部，才察覺不是每個人都了解這句話。在到處都是幽森林木的地方，這句話很簡單——當你專注於一棵枯枝敗葉的松樹，納悶怎麼沒有人修剪時，別忘了還有一大片美妙的森林。這種事也在職場上演。

許多人深陷「列一張行事單，照章行事」的每日循環中，對於一天將盡時清單上仍有許多事還沒做，感到挫折。把這種周而復始的循環，當做是我們工作生活中一成不變的一部分，是再愚蠢不過了。我們的任務永遠比我們的時間多。永遠會有事情從中插隊打斷，到頭來多半是我們的桌上堆了更多工作。無論怎麼快都不夠快。你記得過去那種可以把耽擱延誤歸咎於郵局的時光嗎？如今，各式快遞服務、通訊科技已徹底改變我們所謂的「我馬上就辦」的意涵。我們遠比過去更需要有人協助我們，打破這種日常任務的周轉，鼓勵我們把視野放在日復一日的例行瑣事之外。領導者就是這種人。

許多員工沒有機會參加產業工會的集會，或沒有管道和時間去閱讀產業預測，但他們需要這種由集會和閱讀而來的資訊。這正是領導者可以著力的地方。做為一個領導者，你的職責是了解更宏觀的圖像：你的組織在整個產業中適應得如何？在與對手的競爭中，你的高下判斷如何？哪些變革正影響你和競爭對手未來做生意的方式？你需要知道這些事，以便做出明智的決定，並為未來擘畫方向。你組織中各階層的人都需要知道這些事。如此一來，他們才能掌握更佳脈絡，了解各項管理決定；才可以協助顧客了解你組織中各種政策及做法的變化；才可以思考他們自己的未來。那他們才有希望。

許多人極其專注於眼前的任務（下一個截止期限、下一回合預算刪減），專注到他們幾乎不曾抬頭看看周遭更宏觀的圖像。只有在這種更宏觀的圖像裡，我們才能找到讓自己擺脫日常絕望的一股期盼。如果你想自稱領導者，你應該知道那幅更宏觀的圖像，因此請談一談它。

53 什麼原因讓你對未來感到振奮？

你認識哪個曾與死亡搏鬥的人嗎？人們對臨死問題反應各異，但他們似乎多半會背離原先每一分鐘都要物盡其用的誓言。他們明白未來之事沒有任何保證，只要善加珍惜當下，未來即使不確定也無妨。他們以歡欣之情迎接上天賜予的每一刻未來，他們欣喜自己有機會體驗未來。他們因為心中有目標而感到振奮。領導者有責任向員工展現，如何在無須處理瀕死經驗的情況下，以振奮之心看待未來。

我不是教師，我是喚醒者。

——美國詩人佛洛斯特（Robert Frost）

因此，究竟是什麼原因讓你對未來感到振奮？我記得小時候與家人坐在餐桌前的情景。從某些角度來看，我們家是一九六〇年代的電視家庭。我們幾乎每天晚上都全家共進晚餐，彼此交談各種事。每當家人的對話陷入某個問題的泥淖，我父親就深具信心的說：「有朝一日，科技會解決這個問題。」請記得那是一九六四年的事，八音軌的匣式錄音帶、卡帶和光碟都還未誕生，掌上型計算機、傳統終端機和膝上型電腦都還未問世。當時在電話科技上的最新產品是聽筒電話「女王」（Princess），而如果你有一台彩色電視機，就是人人豔羨的對象。我父親之所以那樣說，並不是因為他每天都看到新科技，而是他看多了那種原本放在繪圖板上還只是想像的東西，後來的發展卻讓人驚訝。他之所以相信科技可以解決所有問題，聽起來可能天真，但當時他對各種可能性感到興奮刺激。他熱心讀報、收看新聞，並且與跟新科技沾上邊的人聊天，藉此學習。他一想到未來，就覺得精神百倍。

這對你有什麼啟示？許多人認為，對未來感到興奮是大腦愚笨的徵兆，而懷疑、諷刺的犬儒哲學則顯示其聰明才智。噢，拜託。犬儒才是這種人的特性：他們忽略了宇宙日復一日提供希望和新生的種種理由，兀自浪擲時光。在樂觀積極的波莉安娜（Pollyanna）和憨直的呆伯特（Dilbert）之間，還有許多立場可以選用。領導者需要找出自己的立場，並且需要談論自己在想到明天時，是什麼原因讓他熱情如火。

54 你如何熟知我們的顧客？

幾年前有一家航空公司在電視上做了一個廣告，廣告中的故事是：領導者把他的團隊召集起來圍坐在桌前，他宣布公司一名老顧客剛剛打電話來，把整個團隊都開除了。當領導者發機票給團隊成員，要求他們面對面親自拜訪顧客，把顧客拉回來時，一名成員問：「老闆，那你呢？」領導者從後褲袋掏出一張機票說：「我嘛，我要去拜訪那位剛開除我們的老顧客。」這是一則發人深省的廣告。我經常想到它。

有些領導者如果碰到顧客，會不認得顧客。很可惜。如果你向員工詢問有關公司顧客之事，卻在對話中缺乏任何一手經驗來增補，這其中是有矛盾的。間接聽來的顧客故事，跟和一個因為你們產品缺點而失望的真實顧客對談，是不同的。前者的做法不符合你們與顧客長期發展出的關係。

當然，有些領導者會努力製造與顧客互動的機會。很遺憾的是，這種關係多半僅限於大顧客，或那些大聲抱怨或強烈要求到蒙領導者接見的顧客。這種接觸聯繫值得經營，但並未提供一幅足夠清晰的圖像。領導者要做什麼？以下是個點子，也是一項挑戰。

攤開一張你公司的組織圖，指出十二個你未曾有機會或尚無機會與顧客互動的領域，擬定計畫：在接下來的十二個月中，每個月花點時間與其中一個領域的一名顧客互動。拿那天時間，與裝置汙水處理設施的人共處。聆聽一名客服人員的對話。打幾通銷售電話，跟工友一起清理廁所，與會計師檢閱財務報表，聆聽這些人與顧客互動的經驗。看看你的各種政策和程序的實際運作情形。提問一些問題，藉此判定你那天碰到的狀況中有多少是經常發生的典型事件。親自去體驗你顧客的需求及其關切之事。讓自己聰明一點。

下回你出席領導團隊會議時，想想你必須說的話！

備註：別忘了寄謝函。

55 你怎麼知道我在我的工作上做了些什麼？

我經常受邀為第一線員工舉辦建立技巧的訓練課程。至於是哪一種特殊技巧，似乎並不重要；參加的學員問到的問題都是：「你也為我們的經理／領導者開設這門課嗎？」我的答案多半是「沒有」，但我認為，第一線員工之所以這樣問，並非基於他們關心領導團隊是否有這項技能，而是許多人擔心其領導者對他們每天在做的事毫無頭緒。這些員工認為，領導者做出許多影響他們日常生活的決定，但對員工的日常生活根本一無所知。

讓我們勇於面對此事吧。領導者有管道獲得（幾乎是）無止境的各種可能的支援。他們控制預算及任務分派。他們有最新科技，最好的洗手間，還有優先使用的停車位。現在，不要為自己辯護，以下言論或許不適用於你，但我打賭你組織裡很多人對此深信不疑。印象會成為事實，記得嗎？平心而論，重要的是，你組織裡大多數人對你每天究竟在做什麼，也一樣霧裡看花。

領導者要怎麼辦？以下是個點子，也是一項挑戰（這點子有部分看起來類似上一個問題的點子，但請仔細閱讀。二者之間有些細微差異）。

請看你的組織圖，指出十二個你未曾有機會或尚無機會與員工互動的領域，擬定計畫：在接下來的十二個月中，每個月花點時間與其中一個領域的一名員工互動。拿那天時間與裝置汙水處理設施的人共處。聆聽一名客服人員的對話。打幾通銷售電話，跟工友一起清理廁所，與會計師檢閱財務報表，傾聽這些人與顧客互動的經驗。看看你的各種政策和程序的實際運作情形，以及這些政策和程序對工作流程、上班生活之品質及生產力的影響。感受員工的一天。提問一些問題，藉此判定你那天碰到的狀況中有多少是經常發生的典型事件。親自去體驗你員工的需求及其關切之事。對他們放聽明點。

可別就此停下來。每個月另選出一個領域，邀請組織內的一個人與你共度那天。要求他們跟著你參加所有會議、接聽電話及吃午餐。鼓勵他們發問而且如實回答。協助他們聰明領導。

56 我如何在我們的組織裡獲得晉升？

你聽過 WIIFM 電台的節目嗎？如果你沒聽過，我很意外。這電台有本事向全球發音，我的個人經驗讓我相信每個人都收聽這電台的節目，不是遲早會聽，而是早早去聽。WIIFM 指的是「這對我有什麼好處」（What's In It For Me）。懂了嗎？

承認吧，我們全都透過回答「**這如何影響我？**」這個問題的過濾機制來想點子、做決定、解決麻煩。當我們可以預測其影響或效果時，即使這種影響並非正面的，我們也可以展開行動。當我們摸不著現況的頭緒時，我們常發現自己因未知的恐懼而欲振乏力。這個問題是企圖了解一項重要的職場程序。

在組織內升遷通常是相當神祕的。有些人的快速升官似乎是因為認識了**什麼人**，而與他們知道什麼幾乎無關。有些天分極高的才智之士看似遭到忽略，有時好人會贏得那張步步高升的彩票。一般人很難計算出各種升遷是基於技能、性能，還是頭圍大小。許多職缺是在公布當天就有了人選。難怪員工會困惑。你需要談談這個問題的答案，藉此協助化解員工的困惑。

首先，做好你的家庭作業。那些員工是如何獲選晉升的？你的組織以這些員工的標準做為基本篩選工具嗎？還是特定職缺的才能取代了所有其他考量？組織的政策嚴格實施，還是經常扭曲轉向？難道一個人「認識什麼人」會比「知道什麼」更重要嗎？一旦你清楚了解目前情況，在你判斷必要時執行變更，你就可以開始構思你對這個問題的答案。

我認為決定一項升遷會有三個部分。你的答案應該涵蓋這三個面向。

一、**這個人選在此職缺上使用了什麼技能？**每個職位都需要剛柔兩種領域的技術能力。員工必須了解，如果他們希望在組織內獲得晉升，就得自行負責技術能力的長進。你需要協助他們得知組織在順利邁向未來之際，期待員工具備哪些技能。

二、**這個人選在他的現職展現了什麼行為？**一份工作不只是完成任務而已，還包括你如何完成任務。員工必須了解，他們在團隊中高效率工作、提出點子以及持續學習的種種能力，將影響他們在組織內升遷的機會。你需要協助他們調整其行為，以符合組織的各項價值。

三、**這個人選每天的工作態度是什麼？**組織的態度是所有員工態度的總和。員工必須了解，工作態度多半是升遷的初步過濾機制。領導者需要確保每位員工都定期收到組織上下對其工作態度的回饋意見，而不只是一年一度打考績時才收到。

57 你如何做決定？

歷經十五年斷斷續續的追尋，我找到了一本我從幼兒時期以來一直記得的書《我決定了》（*I Decided*）。我一直想拿這本書與讀者分享，多年後重讀，故事正是我記憶中的情節。一個小女孩跟媽媽一起去買東西，媽媽答應她可以挑一樣玩具。小女孩在幾個選擇中衡量，左思右想，做了個充分知情的決定。她等不及要把決定告訴下班返家的爸爸。我非常喜歡那本書，央求媽媽為我一讀再讀，直到我可以自行閱讀。書中把我的決策過程用一個T來表示。你曾想過你是如何做決定的嗎？你在回答這個問題並向他人解釋你的決策過程之前，花點時間檢視一下你究竟如何做決定，或許將有所幫助。

問你（如果他們自認可以發問就會問你）「**你如何做決定**」的員工，是在努力了解表象下的情況，他們可以藉此更明白你所做的決定。如果你協助他們想像你在做決定時所考慮的事物，他們將學著做出更佳的獨立決定。你可以跟他們分享哪種決定對你而言很難，哪種決定很容易。你也可以跟他們分享你如何收集資料，以及要收集到多少資料，才覺得有信心面對事件背後的諸多事實。你可以讓他們知道，你在哪些情況下會聽從自己的直覺，哪些情況則需要邏輯來說服自己。你可以分享你如何決定要去找什麼人，以便拋出各種想法和可能的解決方案。

如果你真的勇氣過人，你可以談談你所做的差勁決定，以及你是怎麼做出那些決定的。更好的是，談談你從一個差勁的決定中學到什麼，以及你如何因此改變你的決策行為。你可以問那些發問者，他們是如何做決定的，以及他們從前一個工作那裡學到什麼跟決策有關之事。你可以向他們保證，只要每個員工在決定之前都做好自己的功課，當不同的人採用不同的決策方式時，組織會更強健。你可以向他們挑戰，要求他們成為更優秀的決策者。

我可以借你我那本《我決定了》。

58 你如何找時間思考？

如果你的答案是「**我不花時間**」或「**我聽說有人嘗試這種辦法……**」，那麼這個問題就需要小心處理了。你如何找到時間思考？不是解決問題或滅火，而只是想想大大小小的事。我知道，你每天都那麼忙，根本沒時間安靜沉思反省。也許下次度假時思考吧？這是最糟糕的自我欺騙型領導者會做的事。如果領導者不從其職責所在的日常工作中跳開去思考，誰會這麼做？忽略思考的需求，會讓看似積極進展的健全事業失敗，因為他們直到為時已晚，才看出局勢已變。請不要落入這種陷阱，一旦深陷其中即難以自拔。以下是六項協助你找時間思考的建議。你練習過一陣子後，就可以用十足把握的語調，拿它們來回答這個問題。

一、**與自己訂下約會**。這是你起碼能做的，因此在又一週飛逝之前，把時間訂下來！排出三十分鐘的時間，與自己訂一個「我不接電話、絕不改期」的約會，同時堅決執行。在這三十分鐘內，專心思考。不要寫，不看雜誌或清理你的書桌。就只是思考。如果你可以在辦公室門打開的情況下這樣做，那非常好。不要讓人打斷。告訴同事你正在思考，你一會兒之後會再找他們。

二、**散步**。一段十五到二十分鐘、幾乎是快步走的短暫散步，將提供一個絕佳的思考環境。既然這是一段突發的短暫思考，何不在心裡試試一個問題？不是日常問題，雖然此時思考日常問題也很適合，而是**「哪天我需要思考一下」**的整體性議題。適用這種技巧的題目可能是：

- 我們周遭環境中，有哪些我們尚未想到的事正在改變？
- 我們的團隊在接下來的一年中，將需要什麼樣的新技能？
- 我們的團隊要達到本季成功，目前存在什麼障礙？

三、**不在思緒混亂的情況下完成每天的例行運動**。思緒混亂時，你的腦中充斥著人們的談話、你最喜歡的晨間或晚間新聞節目，或昨晚的電視影集《白宮風雲》（*The West Wing*）。當你做健身運動時，讓你的心漫遊，循著它的路徑而去。思考是一個不可思議的過程，需要捨棄控制，享受一段洞見之旅。思緒不混亂的運動時間是體驗思考的絕佳機會。

四、**聆聽莫札特**。我寫下此句之際，正播放著《晚安！莫札特》

（*Mozart at Midnight*）的音樂。你可以閱讀坎貝爾（Don Campbell）的著作《莫札特效應》（*The Mozart Effect*），他談的是莫札特音樂可提升嬰幼兒智能的研究，但請相信我，我說的是莫札特音樂幫助你思考。如果帶著耳機和莫札特音樂，你可以把搭機時間變成思考時間。

五、**從事一項你樂在其中而且必須以手重複操作的嗜好**。以下是我想到的幾種這類嗜好：木工、編織、園藝、繪畫、演奏樂器；如果你能單獨打高爾夫球，高爾夫也行；健行也行，如果你可以獨自健行，而且如果你在健行時擺動雙臂的話；熨燙衣物（請不要看到什麼都想燙）。上述活動中有哪一項合你的意？這些活動之所以誘發創意思考，似乎是因為手部重複操作這種特性。如果你目前並未從事上述活動或任何符合這種標準的活動，請嘗試一項。別擔心，當你找到適合你的活動，你立刻就會心知肚明。

六、**來一趟戶外之旅**。去博物館、參觀藝廊，或上圖書館。逛購物中心，在競爭對手的停車場坐坐，或放個風箏。自行前往，或者帶一名同事隨行。在你這段短程旅行結束時自問：「**今天我看到或經驗到什**

麼，對我的工作或我的人生能有所啟發嗎？」別逼自己給答案，但也別太快就放棄。其中總有什麼啟示；你只是需要想一想，直到你找到它。

這些點子都需要兩樣東西：一是嘗試及告訴他人你在做什麼的勇氣，二是摘記心頭浮現的妙點子的紙和筆。小心，這種點子有一就有二，有二就有三……我保證。

59 什麼原因讓你在職場發怒？

我的朋友凱薩琳・傑佛斯（Kathryn Jeffers）寫了一本書，名叫《別殺信使：如何避免職場衝突的危險》（*Don't Kill the Messenger: How to Avoid the Dangers of Workplace Conflict*）。她在序言中引述亞里斯多德對憤怒的說法。亞里斯多德認為，每個人都會生氣，但基於正確的目的、以正確的方式、對恰當的人、發程度適當的怒，卻並不容易。如果你知道如何基於正確的目的、以正確的方式、對恰當的人、發程度適當的怒，而且如果你曾要求三個夠關心你的人在確認你的發怒技巧時說實話，請跳過這個問題接下來的部分。否則，請繼續讀下去。

在職場發怒是件需要小心處理的事。它常遭人誤用、誤導及誤解。我們多數人對於處理露骨的情緒都感到不安。我們對高興、悲傷及狂喜狂怒都不自在，而且想盡辦法避免。從來沒有人教過我們：當我們既非這些情緒的施放者，也非發洩對象時，該如何恰當應對。學習以積極的方式了解、控制及善用衝突，需要下定決心、練習及努力不懈。

遺憾的是，許多領導者常認為他們可以不下定決心、不練習及不努力，就有本事把發怒當成工具，而非任由怒氣爆發。在許多組織中，有關領導者之怒都是傳奇故事，而且通常並無快樂結局。你或你領導團隊的成員極不可能把發怒當做一項管理工具來用，還能順利成功。如果你或你的同事目前把發怒或盛怒當做一項技巧來用，此時該喊停了。

這並不表示你不該想一想或談一談到底是什麼讓你發怒。就算你對控制自己的怒氣頗為自豪（我也很自豪），你發怒時你周圍的人都知道。明白是什麼原因讓自己發怒，對你和你周圍的人都有幫助。

幾年前我察覺到，必須去改變那些已經談定了的資訊或指令，會讓我怒氣沖天。此時我所有協助學員學習的能力，保持鎮定及展現無限耐心的能力都會消失。當人們要求我改變舊約定，我會咬牙切齒，呼吸變淺，並且開始以短而清脆的句子說話。我並未高喊、喧鬧或胡言亂語，但其效果相同。人家知道我在發怒，而我知道他們並不明白我為何發怒。這是我的問題，因為發怒一向是個人問題，而我已經學會了：讓別人知道我怎麼了，並且知道那並非是他們的錯，對別人和對我都有所助益。因此，請回答這個問題。這對你和對其他人都好！

60 你如何衡量成功？

我們四個朋友最近湊了一桌打撲克牌。這四個當中有一個對牌戲規則瞭如指掌，另外兩個知道一些規則，最後那個認定自己這輩子才玩過一兩次而已。我們玩了一盤練習賽，讓每個人都有機會感受一下規則，然後開始來真的。幾個回合之後，那位規則專家贏了一把，我們愣愣的看著她，她說：「噢，我猜我忘了告訴你們這一步。」你可以想像我們的憤慨，以及接下來對她贏那一把的討論。我們總有什麼場合會有這樣的感受。我們想贏，我們遵照遊戲規則玩，偏偏這時有人告訴我們說，我們其實未窺全貌。成功並非一幅幻影；只是略異於我們受他人導引而相信的圖像（為免你納悶，她贏了那一把，但當天她不是最後贏家）。

成功可能是一項極難捉摸的商品，特別是當你並不知道成功是什麼時。有人會想，如果一個組織有套價值標準，那麼很容易就可以找出成功的規則。如果你公司的價值標準是顧客至上，那麼你在做每件事時，將會希望考量顧客的需求。如果尊重他人是你組織價值標準單上的前幾項，你會希望自己在完成任務之際，也維繫良好的人際關係。如果你的組織遵行他們明確陳述的價值標準，你這樣做就對了。但不是所有的組織都言行合一。

領導者想回答這個問題時，有三個選擇。他們可以與發問者一同檢視組織的價值標準，並協助釐清那些符合既定標準的特定行為。領導者可以為自己未能善盡職責，擬出一套攸關員工升遷的價值標準而致歉。如果現行標準與領導者行為不盡相符，領導者也可以擇一改變。無論上述三種選擇中哪一種適合你的處境，你必須把以下訊息傳給組織裡的每一個人：「這是我們的遊戲規則。」日後隨意插入一兩項新規則是不公平的。

61 你在學什麼？

《今日》（*Today*）節目的一場專訪中，歌手邦喬飛（Jon Bon Jovi）告訴主持人麥特・勞爾（Matt Lauer），他以演員角色在電影《獵殺U-571》（*U-571*）中與影星馬修・麥康納（Matthew McConaughey）合作愉快。做為一個新手演員，邦喬飛期待馬修・麥康納帶戲，而他並未失望。邦喬飛說，讓他受用不盡的不是馬修・麥康納說了些什麼，而是做了些什麼。領導者以自身言行示範教學，無論他們知不知道自己在示範。你是否記得第一次有大人對你說「照我說的去做，不要照我做的去做」？當時，你是否深覺荒謬？如果當時你不覺得荒謬，你此刻應該覺得荒謬。如果你不學這門課，你的領導者位子就坐不久了。你組織內外的許多人將從你這裡學到許多關於領導的事，好的壞的都有，他們也將從你所做的，而非從你所說的一切學到一些。

在許多職場中，學習有關學習之事是個熱門話題。企業界大致已獲致一個結論：如果他們不是每天學習有關顧客、自己及其未來的種種，他們將在這場競爭中落敗。我看過許多管理團隊會議，會中領導者都談到讓員工更明智的學習策略及學習機會。我從未在他們的對話討論中，聽到他們彼此質疑是否學習，並報告個人的學習目標。這就是個問題。員工將觀察你是否學習，而認定在你的組織中，學習是否也是工作的一部分。

因此，讓我們談談你在學什麼。我希望你在回答這個問題時，記得兩件事。第一，你樂意分享你正在學習而且將讓你更勝任目前工作的技能。如果你還可以分享你如何學習這種技能，那就太好了。是正式的學習過程，還是自學？你可以說說你如何把你學習和練習的內容應用到實際的狀況中。你樂意分享你在嘗試新技能時，是如何的可能失敗，以及你是如何感激他人在你練習時給你回饋意見。當你描述這項學習是如何使你工作更輕鬆、更有效率並且更有趣時，你的樣子、你的聲音都興奮了起來。

其次，你會轉而告訴我們，在個人生活方面你正在學習什麼。當你敘述自己正邁向未知水域時，你的臉孔會亮了起來：你的老師是誰，你多常練習目前所學，你如何察覺到個人的學習讓你有意外收穫——對你企業的處境有更深入的了解，某些事怎麼會讓人同時既感挫折又感到樂趣無窮。

這樣的對話之後，我會知道你是個終生學習者，而且我深受激勵。做得好，領導者！

62 你如何保持積極樂觀？

我想讓你試一個小實驗。記得你第一份工作的第一天吧。發生了什麼事，害你想隱藏你臉上那種咧開大嘴露齒而笑的表情，以免別人看到你的蠢相？記得是什麼原因引發這種反應，還有這種反應是什麼滋味吧！

譏笑嘲諷是我們社會中盛行的疾病，它就像癌症，有可能致命。聽聽看你辦公室裡那些人在聊一個新進員工：「你見過會計部門那個新毛頭嗎？愛咧嘴大笑，有一肚子解決我們所有問題的新辦法。」「見過呀，菜鳥一隻！別擔心，給他一個月，貴寶地就會讓那大咧嘴從他臉上消失。」

許多組織的員工休息時間都會聽到類似對話一再傳誦，而我從未聽過有哪個領導者會走過去對老鳥說：「抱歉，請別再讓我聽到這種話！在我們公司，我們希望新人對各種可能性都會感到雀躍，而且在他就業生涯中始終如此。還有，順便一提，如果你們對於自己每天在本公司做的事覺得提不起勁，也許你該準備準備，另謀高就了！」你能想像自己說出這樣的話嗎？我希望你能。

為了讓上述那段話說得讓人服氣，你得對你的工作滿懷熱誠同時展現出這種熱誠。展現的方式不必誇張，而要細水長流。身體語言，聲音語調，歡樂表情及關懷眼神，這些全是員工判斷你對你的工作是何感受的方式。對自己每天的工作都感到新鮮刺激的領導者，會創造出嘲弄諷刺難以生根的環境。

但做為領導者，別人並不期待你隨時隨地都**心情大好**，你得展現人味。我們每個人都會遇上沮喪、疲累和失望。你真的需要有調整自身態度的策略，有時還要公開調整。關於領導者，有太多要求，不是嗎？你只要記得，這是他們付你高薪的理由就好了。

63 你如何重新燃起對工作的熱情？

每個人都有意氣消沉的時候，要訣是別老是意氣消沉，尤其當你是領導者時。因此，你如何重新燃起你的熱情？我會打電話給我孫子奎因。在我執筆本書之際，奎因二十一個月大，他最喜歡的詞語是「**哇！**」（這個字用粗體字加驚嘆號是故意的，你可以從他的聲音裡聽到這兩種標號）。無論我哪一天、什麼時間打電話過去，我的兒子保羅都會說：「奎因，你想跟奶奶說話嗎？」我會聽到他喊著「哇！」跑向電話機。我其實不需要繼續對話下去（說老實話，一個二十一個月大的幼兒也沒多少話可說）。無論讓我消沉的理由是什麼，簡簡單單帶著熱情的一個字「哇！」就能提振我的心情。

你呢？你是繞著植物散步？拿健身房的一節活動來代替午餐？靜坐？禱告？打電話給你媽媽或是你喜歡的叔叔？你明白吧，你拿什麼事來重燃熱情都無所謂，重要的是掌握了你確知奏效而且你會立刻去做的招數。這種招數是你可以想都不想就去做的，而且一百次裡有九十八次奏效。它不需要花太多時間、金錢或設備。因為你是領導者，你的團隊需要你熱情積極，熱情積極就是你工作中一個很重要的部分。

請不要把積極熱情歸為某種蠢話，那些支領超高費用的勵志演說家對容易受騙上當的聽眾叫賣的「人生宛若一碗櫻桃」（Life is just a bowl of cherries）之類的蠢話。積極熱情指的是懷抱希望，一種應該是領導者的吃飯傢伙但常遭忽略的特性。領導者應該為員工帶來希望，他們同時也提供艱困情況的真相。當逆境來臨，他們的職責就是擔任重燃熱情的角色模範。

因此你需要一個計畫。什麼事會點燃你的熱情？休一天假去做自我重新整編？一段散心的假期？跟你最喜歡的顧客對談？與你們的最新員工聊一聊？寫封電子郵件給你的良師益友？撥通電話給奎因？我會樂意公布他的電話號碼。

64 你最愛你工作中的什麼？

這個問題中的「愛」字是否讓你挑起了眉毛，緊張得咳了起來，或是考慮跳讀下一頁？隨著頁碼的增加，這些問題將愈來愈偏向個人，而且你將必須決定是否繼續讀下去。擔任領導者需要你深入而非停留在表象。噢，你可以藉著輕輕掠過事件、情緒及人的浮面來管理，但你無法以這種方式來領導。

領導需要針對表象之下的事思考及行動。它需要你認真面對所遭逢的事。曾經聽過我談論團隊的人都聽我說過：「愛的相反不是恨，而是冷漠。」領導者不能無動於衷。因此我們需要談談愛、積極熱情、趣味及意義。你能應付這些嗎？

你最愛你工作中的什麼？我希望你不會花很長的時間來回答。領導者很容易就深陷他們理應涉及的重要事項，而忘了最初引他們進入這門專業的是什麼。我記當我姑姑艾爾希（Elsie）察覺到自己擔任護士工作並不愉快時的反應。艾爾希姑姑在二次大戰期間成為護士，她之所以覺得擔任護士不愉快，是因為護士再也無法花許多時間照料病患。她的第一個念頭是辭職，因為那份工作中她最愛的部分並未占用她最多時間，但她後來了解到，改變她原先所做的那種護理工作，其實可以做更多她愛做的事。於是她從醫院離職，成為一名提供病患定期訪視服務的居家護理師。她在此後的護理生涯中，就獻身病患的直接照顧。

因此讓我再問一次這個問題。**你最愛你工作中的哪個部分？**無論拿不拿薪水，你都願意做的是哪個部分？你有什麼辦法可以在你日常活動中多做這種你最愛的事？

我還想到一件事。愛你必須做的事，如何？有一張非常別致的問候卡上寫道：「為了愛你所做之事，請不要做你所愛，而是愛你所做。」就假裝我已把這張卡片送給了你。請雙手拿著卡片，凝視片刻，思索一下這句話。一段小小的心靈饗宴。

65 你都做些什麼消遣？

我曾為一家大型公司的系統分析師上「團隊建立」課程。兩天的課程期間，我們占用了企業會議中心。第一天下午，會場一片零亂。白板上寫滿了東西，地板上丟了許多糖果紙，到處都是彩色麥克筆。各小組正認真接受挑戰，設計並製造出一架比賽用紙飛機。各組決定彼此之間拉開距離，以免互相刺探，還離開會議室在戶外溫暖的春陽下動工。我獨自一人留在會議室中。

這時會議室的門開了，一個穿著三件式西裝的人探頭進來，他環視室內一圈，帶著一絲責難說：「這裡是怎麼回事？」

我平靜的答道：「正在舉辦團隊建立課程。」

「噢，」他一邊把頭伸回去一邊說：「那麼你們就是沒在做正事啦。」

我對這種無知不再有反應：我只覺得他很可憐。不明白學習可以很有趣、工作可以很有趣、好玩的東西也可以成為工作的人，無法理解這一切。當人們並肩工作、得其樂趣，組織就會順利發展。領導者就是讓「拿工作取樂」成為合理行為的人。

取樂。啊，你還記得玩樂吧，是不是？**你都做些什麼消遣？**想想看你上一次咧嘴而笑、傻笑或大聲笑時的情景。那就表示你樂在其中。希望你沒花太長時間就想起自己上一次是什麼時候笑。我們的生活愈混亂、更耗費精神、更複雜，就愈需要玩樂來平衡。在我們的辦公室裡，那些著實緊張的日子中，大家都知道我們會到戶外堆雪人，玩一場酷奇球大戰（Koosh），或透過一些超驢的笑話爆笑到流淚來紓壓。你辦公室裡壓力龐大時會發生什麼事？

你對玩樂有什麼感覺？玩樂是你工作和個人生活不可或缺的一部分嗎？你認為玩樂存在你下班後的生活中，但非職場的一部分嗎？「玩樂」這個字已從你字典裡消失了嗎？想想看。你絕對想不到人們可能在什麼時候問這個問題！

66 讓你生命有意義的是什麼？

這是一個**大哉問**，只有你自己才能回答。但你必須回答。領導者對自己、對其屬下，都有義務去深入追索自己的動機、希望和夢想。各大學商學院並不要求學生修過「了解自己的使命」這門課才能畢業，許多家庭的父母在與子女談話時，也不談他們的人生目的。我們之中多數人從小到大，以為人生的意義就在於打出全壘打、贏得選美、每天薪資所得憑單上的數字。實在可惜！

想想那個對你人生發揮最大正面影響力的人。那是怎麼回事？是他辦公室的規模讓你印象深刻，你因此當下決定你將來也要努力成為領導者？還是那異國風味的旅遊、名車或好聽的職銜，說服你追隨他的腳步？我很懷疑會如此。比較可能的情況是：一段適時說出的謙和話語，或一紙恭喜你把事情做得很圓滿的短箋，讓你不禁要說：「這就是我想效法的人。」

我的朋友瑪麗・馬克丹蒂（Mary Marcdante）說：「只要你有目標，人生就會如意。」你最近事事如意嗎？如果明天就是你在這個地球上的最後一天，你那張後悔未做事項的清單會比完成事項清單還長嗎？明確了解自己人生意義的人，會覺得較容易做重大決定、較容易將排滿每天行程的活動列出輕重緩急，而且較容易知道究竟什麼才是重要的。如果有人問起「**讓你生命有意義的是什麼**」，你會知道該如何回答，一切全都了然於心。

作家大衛・麥可奈利（David McNally）在其好書《老鷹的祕密》（*The Eagle's Secret*）中，曾引述明尼蘇達州曼凱托市貿易旅遊局（Mankato Chamber and Convention Bureau）執行長莫琳・賈斯泰夫森（Maureen Gustafsen）的話說：「我們都有重要的角色要扮演。我們的任務是決定那個角色而且履行其義務。」我對這句話深感認同。這也就是這個問題兩度出現在這本書的原因。這是一個你必須提問又必須回答的問題。組織中若到處都是無愧於提出這問題而且認真周詳回答這問題的人，那會是一個前途無量的組織。

你學到什麼？

我先前提過一個理論：傑出領導者並不知道所有答案。但他們有絕佳的問題；現在，如我在本章之初所允諾的，我已迫使你提供答案。感覺如何？

你能看出這些問題並非你常提出、「讓我們去問老闆」之類的問題嗎？我希望你能。經理人了解，他們得成為其團隊成員在實際上、組織上及功能上的資源。領導者知道，他們的問題和答案必須超越實際上、組織上的功能，深入到哲學、倫理學及情感範圍。領導者精通在適當時機向適當的人提問適當的問題。領導者同樣精通在適當的脈絡中就適當的問題提供適當的答案。他們仔細考量必須被提問的問題，從答案中學習，而且適度地採取行動。

他們知道何時問，何時答，還有及時聆聽。當他們說「別擔心，沒有哪個問題是所謂傻問題」時，他們是說真的。當他們不知道答案時，他們有勇氣回應「我不知道」。他們泰然以緘默回應問題。

我們得到的所有答案，都是對問題的回應。

——紐約大學文化及傳播學系系主任尼爾・波斯曼（Neil Postman）

詹姆士・奧特利（James Autry）在《一個意外成為商人者的告白》（*Confessions of an Accidental Businessman*）一書中說：「這跟經理人轉變為領導者有關，這種根本上的轉變，讓領導職的決定性特質由外轉內，由他人轉為自我內心，由『滿腦子想著做什麼』轉為『欣然接受成為什麼』。」我對此再同意不過了！

刻意練習問問題

- 你覺得本章哪個問題最令人深思？為什麼？
- 根據本章所學，你想改變自己的哪些行為？
- 你可能需要回答其他什麼問題？
- 你如何回答那些問題？
- 本章有哪件事是你最想牢記在心的？

其他註記

7 當你不知道答案時

——學習說「不知道」的勇氣與智慧

一、開口之前動動腦。

多數人面對靜默會感到不安，因此他們急急忙忙打破沉默。請抗拒這種習性。允許自己先想一下再回答。

二、如果你的答案是「我不知道」，就說「我不知道」。

不要因為你自認領導者面對任何事都理應有答案，就捏造出一些事來。

三、回答問題之前，確認自己了解問題是什麼。

把問題重複一遍或要求發問者釐清問題，都是好主意。發問者在釐清問題時，你也多得了幾分鐘來設計你的答案。

四、說完你的答案後，務必向發問者求證，看看你是否確實回答了他的問題。

讓我們從不同的觀點來看特殊情況，看看當你被問到一個問題，而你的答案正是問題所在時怎麼樣。本章我們就要檢視幾個這種情況。

對於問問題、歡迎他人提問及回答別人問你的問題，你練習得愈多，這種發問之事就變得愈容易。但總有些問題是你不知道答案、不知道如何作答，或你就是不想回答。這時怎麼辦？閱讀本章將提供你一些想法，這些想法雖然不是巨細靡遺，但足夠協助你找到自己的解決辦法。

英國演員伊恩．麥凱倫（Ian McKellen）爵士曾在電視節目《今日》的訪問中，被問到多年來演出莎士比亞戲劇所得到的啟示，他只答道：「絕不要低估劇本。」對領導者而言，這也是一則好啟示。想想看你如何處理本章所描述的各種情況，以及如何悉心編出一個對你有用的答案（即使你的劇本遠不及莎士比亞的作品傑出），都將提高你的信心，自信是個有能力回答任何問題的領導者。

從無不智的問題，只有不智的答案。

——愛爾蘭作家王爾德（Oscar Wilde）

【在企業危機期】

67 到底發生了什麼事？

這問題的回應重點比較不是答案的完整性，而是其頻率。領導者置身危機中心，想要爭取其時間及注意力的人多到不可想像。這時領導者反而會將團隊成員放在最後處理。我認為這是一項錯誤。領導者團隊成員之所以會耐心、體諒，是因為在狀況出現之前，你一向對他們毫無保留，但他們此時需要某種憑藉，讓他們有耐心、能體諒。

別自蹈陷阱，以為你應該等到每件事都水落石出，或你已掌握整個情勢的清晰圖像，才跟團隊成員談話。最好經常在團隊成員親眼見得到你的情境下，跟他們溝通，即使沒什麼新消息可說，讓他們看到你總是對你有利。

談話前深深吸一口氣，先鎮定下來。與團隊成員維持良好的眼神接觸。適當展現你的感受。談話結束前，向成員保證會持續讓他們知道新進度，**而且說到做到**。

68 接下來會發生什麼事？

如果你忽略上個問題的建言，你可能並不需要面對這個問題。但我並不建議這樣。當員工問「**接下來會怎樣**」時，這是好事。這問題表示他們有能力看見當下之外的事，而且這通常顯示你在回答「**到底發生了什麼事**」時，答得很好。

危機期間的任何時刻，你對這個問題可能有答案或可能沒答案。這都無妨。繼續把你知道以及你可以說明的事項告訴大家。讓大家都知道你下次談話、更新訊息的時間，而且如此持續下去，即使你根本沒有新訊息要補充，請讓大家都看得到你。當你看到一些可以分享而且與未來有關的可能性，也請讓大家知道。把這些可能性稱為猜測、好機會，或無論什麼確實描述此可能性的詞都好。如果可能性變得愈來愈高，就公告周知，如果變得愈來愈低，同樣也公告周知。

領導者在危機期間所做的三件錯事是：消失，先是開始溝通接著停止溝通，以及在緊要關頭做出後來未遵守的承諾。請在危機尚未發生時，就練習別做這三件事，那麼當危機出現時，你將不會犯錯。

69 我本人會發生什麼事？

這是一個員工會問但不會大聲問出來的問題，因此你可能需要自己提出來。在任何一場危機中，人們會先關心自身的處境。這沒什麼好丟臉的，這是源於每個人內心的求生本能。但有時候，當我們了解到我們停止思考事件全貌，卻只專注於自身情況時，我們會覺得慚愧。做為領導者，你得記住，即使人們可能不說，他們都在想著危機對其自身生活的影響。你可能必須幫他們說出來。

我們在上兩個問題中所探究的事項同樣也適用於此處。你現在不知道完整的答案，並不表示答案出現時，你就能給人答案而且保證提供更多資訊。但請記得說到做到，否則你在危機之前累積的善意都將蕩然無存。

70 我下個月還會擁有這份工作嗎？

危機期間的問題多半不涉及事實，而與情緒有關。這個問題直接來自直覺，而非大腦。我觀察到的多數領導者對此問題所採取的行動，卻彷彿這是個來自大腦而非直覺的問題。當他們忽略問題背後的情緒，而只著眼於事實時，他們就抓不住團隊成員或其觀眾的心。這是何以對領導者來說，「**是的**」是一個那麼動人的答案，同時，這也是何以明明不是那麼回事，許多領導者卻冒險用上這兩個字。再沒有哪件事比工作保障更顯而易見。你會十分希望以「是的」來回答這個問題，但除非你百分之百確定，否則千萬不要說出口。

當然，如今世上少有那種百分之百確定的事，因此你對這個問題的答案很容易就接近「**我不知道**」，本書下一章對這個答案有一些意見。但此時此刻你身先士卒，沒時間翻書找成功的處方（別費心去找。在這種情況下，本來就不存在成功處方）。這樣想吧，換成是你處在這種情況下，會希望聽到什麼話？一句坦率的「**我不知道**」，還是長篇大論辭藻華麗的語句，用來遮掩說了等於沒說的事實？

也許這其中還是有一個辦法。那就是別忽略你正在因應處理的情緒問題。請說實話，說得真誠，常常說。請以明確而簡單的言語，如你所允諾的那樣按時更新資訊。請你說到做到，而且保持讓人找得到、看得見。不要閃躲情緒問題；學著處理它。員工情緒只要處理得好，你將會是更佳的領導者。

71 這場危機的長期影響是什麼？

當有人問到這問題，立即的危機可能已消失。這問題就變成有關未來的討論基礎。做為一個領導者，你希望避免處在一個多數時間都在釋出智慧的位置上。危機期間，由你擔任回答者很恰當；現在危機已過去，該是你鼓勵團隊成員自己找尋答案的時候了。

用問題來回答問題，可能看似在逃避，通常的確就是在逃避。但當這一招用得明智而巧妙，就能有效帶領團隊一起思考。請檢視以下對話，看看這種技巧在其中的妙用。

「老闆，這件事長期而言對我們的影響是什麼？」

「其實我由衷感謝我們有足夠的喘息空間來問有關長期影響的問題。從你所見所聞，你覺得此事的長期影響是什麼？」

「我沒聽到很多，大家很低調，但我的確看到有些新規則已在實施中。那應該是個好現象，不是嗎？」

「我也認為是好現象。我們何不把團隊成員都找來，大家分享一下各自聽到的事，然後我將讓你們知道我所知道的一些事情。也許我們可以開始合力建構未來圖像。」

【在併購或收購期間】

72－73 哪些事要變了？我的職位將發生什麼變化？

如果你願意面對那些聽到答案會不高興的人，有些在併購及收購期間出現的問題其實很容易回答。這些問題的答案都落入那種類型中。這將不是只發生一次的對話；接下來，你看到的是一次真實對話的濃縮版，但它應該可以讓你深入了解你即將扮演的角色。

「哪些事要變了？」或「我的職位將發生什麼變化？」

「你為何不期待每件事都要變了？」

「你是在開玩笑吧，是不是？所有的事都不會變。不可能都變的。」

「我知道我們都希望沒有太多事要變，但根據我的經驗，在類似我們這種情況下，改變已成了通則。」

「我討厭改變。」

「討厭改變的不只你一個人。我願意這樣想：改變通常很難，但也可能令人振奮。當我回顧過去，我生命中幾件最困難的改變，最後都變成成長和新契機的階段。」

「是啊，但改變還是很難。」

「是很難。讓我們繼續聊一聊。我們將一起攜手度過這一段。」

在變遷時領導眾人，需得是一個深知各種變遷如何影響人的領導者。在企業併購或收購時所出現的問題，就跟本書中其他許多問題一樣，全都涉及情緒，而非事實及數字。如果你嘗試以事實及數字作答，你將錯失問題的癥結。幫助別人理清其情緒是難事，而且可能並未納入你的職務訓練中。

如果你對於人們如何回應變遷並無專長，這將是開始學習的好時機。「變遷」常在你料想它最不可能出現時，悄悄來襲。

74 誰將是我的領導者？

威廉・布里吉斯（William Bridges）在其著作《創造你與公司》（*Creating You & Co.*）中建議：「如今沒有哪個差事（或任何差事）還有工作保障。現在那種保障存在於你的能力為組織所做的產品或所提供的服務增加價值……」我更動幾個字，請再讀一次。工作保障不再繫於一個老闆（或任何老闆）身上，而繫於你是否有能力領導自己，增加組織產品或服務的價值。許多傑出領導者都與其團隊成員合作，協助成員發展自己的領導技巧。

這些領導者就像稱職的顧問或父母，把目標放在讓團隊成員能自行勝任其工作。他們知道，如果領導者以這種態度來領導，團隊成員將始終尊重其領導，就像顧問會有還想再找他回去的客戶，家長會有始終尊重其意見的成年子女。老式領導者——命令加控制型領導者——是在欺騙其帶領的人，諷刺的是，這種領導者也在欺騙自己。他們從未體會到那種看著自己輔導的人憑一己之力成功的衷心喜悅。他們絕不會在青出於藍的那一刻感到驚奇，他們會因為青出於藍而變得更沮喪。

如果你從未想過這件事，請把這個問題當做警鐘。你需要檢視一下你如何為團隊成員鋪路，讓他們自己領導自己，或是轉型為另一個領導者。你需要協助成員掌握自己的價值觀、自己的工作及自己的成功。

如果你做了功課，「**誰將是我的領導者？**」就是一個答起來很簡單的問題。你的答案是：**一切照舊，凡事不變；你將繼續領導你自己。**

75 我們的價值觀將繼續保持嗎？

我猜你沒辦法回答這個問題，但你應該很高興有人問到這個問題。領導者協助建立、調整及培養組織文化。一個領導者晚上回家時，知道自己的團隊成員當天依照組織文化那套價值觀行事，這位領導者就做得很稱職。但價值觀是很脆弱的東西。當價值觀受到忽視或光說不練，就會回歸為紙上作業，而不是決策依循的指南。

經歷過組織併購或收購的員工將細數許多故事，顯示各系統的整合遠比各種企業文化的融合來得容易。扞格的價值觀、對未來抱持相反觀點，或領導者的風格互異，都是邁向成功時無法超越的障礙。

因此，當領導者被問到這個問題時，他要怎麼答？當希望似乎渺茫時，領導者如何讓希望滋長茁壯？請以真貌示人吧。真貌指的是說「我不知道」。真貌表示與他人分享你的真正感受，而且說「我對此也很擔心」。真貌指的是在面臨變化時勇敢地說：「這對我們每個人來說都極其艱難。」真貌表示你堅持到底：「我保證明天還會在這裡跟諸位共同打拚。」真貌指的是讓你的團隊繼續專注：「值此變遷期間，讓我們以顧客為重，打響我們的團隊名號。」真貌就表示擔任一位名副其實的領導者。

【在員工個人危機期間】

76－78 組織將做些什麼支援我？我的福利是什麼？這對我的事業生涯具有何種意義？

截至目前為止，我們已探究了領導者必須問以及必須答的一些問題。我們尚未審視領導者不應回答的問題。此刻是時候了，這三個問題就是領導者不應親自回答的好例子。

想像一下某次飛機失事後的簡報。美國國家運輸安全委員會（National Transportation Safety Board, NTSB）的首席調查員，以麥克風報告調查人員目前的工作概況。一名記者問了一個技術問題，說是有報導指出，失事當天同一領空其他飛機機長所遭遇的風切現象。首席調查員專注聆聽並且回答：「容我請約翰來回答這個問題。約翰是我們的風切專家，我知道他一直在調查此事。」首席調查員站到一旁去，約翰接手上場。這個問題回答之後，首席調查員回到講台，接受下一個問題的詢問。整場簡報中，這位首席調查員幾度將記者詢問的問題，轉交給其團隊中具專門知識的其他成員來回答。

當你目睹這場簡報，你可曾懷疑這位領導者的可信度？我相信你不會懷疑。明智的領導者清楚了解自己知道什麼，更重要的是，他們清楚了解自己不知道什麼。當面對他們專長以外的問題，他們不捏造事實，對於表面上看起來很合理、但他們無法想像其嚴重後果的事，一概不做保證，而且他們不會拒聽別人的問題。他們請來具有專門知識的人，或他們知道如何在最短的時間內讓專家與發問者聯繫上。

你所面臨的大多數情境，將不涉及高聲要求答案的記者及記者會。這類員工個人危機的問題，會在單獨會談的情況下出現，而這種回答問題以便協助急難員工的誘惑將非常強烈。你必須抗拒這種誘惑。處在個人危機中的員工將緊抱任何答案及允諾，如果你打包票要做你的組織或你本人無法履行之事，你就惹上麻煩了。

這些問題需要由你組織中主管人力資源的專業人員來回答，有時還得由法律顧問或組織中具適當專長的人來回答。如果你的組織有員工自助會，這種自助會也能提供協助。員工陷入個人危機時，領導者回答其問題的關鍵是，知道領導者自己的局限，知道員工可在組織中其他地方找到某種支援，承擔起尋找專業人員、有效協助員工的責任。

你學到什麼？

在這些特殊情況下，重要的是對問到你的問題提出審慎的答案。當你在接到這些問題時，要記得而且做到某些行為。找機會針對你的答案進行角色扮演，在努力培養你的回答技巧之際，想辦法獲得別人的回饋意見。

一、**開口之前動動腦**。多數人面對靜默會感到不安，因此他們急急忙忙打破沉默。請抗拒這種習性。允許自己先想一下再回答。

二、**如果你的答案是「我不知道」，就說「我不知道」**。不要因為你自認為領導者，面對任何事情都得有答案，於是就捏造出一些事來（第八章有更多關於**我不知道**這個答案的相關訊息）。

三、**回答問題之前，確認自己了解問題是什麼**。把問題重複一遍或要求發問者釐清問題，都是好主意。發問者在釐清問題時，你也多得了幾分鐘來設計你的答案。

四、**說完你的答案後，務必向發問者求證，看看你是否已經回答了**

他的問題。如果發問者說「是」，你就可以繼續回答別的問題。如果發問者說「不是」或一臉疑惑，你需要繼續這段對話。

缺乏創意的人會認出錯誤的答案，只有創意十足的人才認得出錯誤的問題。

——英國作家安東尼．傑（Antony Jay）爵士

刻意練習問題

- 你覺得本章哪些特殊情況的說服力最高？為什麼？
- 你目前面臨其他什麼特殊情況？
- 在那些情況下，你需要回答什麼問題？
- 你如何回答那些問題？
- 本章有哪件事是你最想牢記在心的？

其他註記

8 當答案難以啟齒時

——該說還是要說，但要怎麼說

答案是「我不知道」時；

答案是「不」時；

沒有答案時；

你明知答案卻無法回答時；

沒有人想聽那個答案時；

或是太偏個人問題時。

我們的討論即將結束，從某個角度來說，我們是回到起點。你的領導模範是什麼模樣？如果這個人仍是智慧之源、令人景仰的聖師，或和藹親切但自以為是的萬事通，那麼回答本章的問題將會很困難。在另一方面，如果你發展出來的領導者楷模是追尋真理的人、個人教練或會學習的教師，那就簡單多了。

這些答案答出來並不好玩，它所處理的是你必須說「不」、讓資訊祕而不宣，或說一些逆耳之言的情況。這些答案都是在困難的情況下應該提供的正確答案——它令人難以啟齒，而你是必須把它說出來的領導者。

答案是「我不知道」時

我們很早就說了，成為領導者不保證你就會成為所有智慧的來源。這是真話，你有義務面對一個你明明就不知道答案的問題。不要驚惶失措。

有時候，問題比答案重要。

——希臘哲學家柏拉圖（Plato）

首先，再次透徹思考一次，決定你被問到的是涉及事實的問題，還是涉及個人意見的問題。如果你被問的是意見問題，你必須回答。你是領導者；別人期待你有意見。如果你實際上從未想過這個特別議題，你可以說：「好問題。過去我從未被問過這個。讓我想一下，回頭再回答。」接著你的義務就是回到這個題目，表達你的個人意見。

如果你被問到的是個事實問題，而你不知道答案，不要捏造答案（無論在任何情況下都不要）。如果被拆穿（總有一天會被拆穿），你做為領導者的信用以及你在專長領域的名聲將直線下滑，滑落的速度遠比你想像的快。在這種情況下，請簡單回答「我不知道，但我將查證事實再告訴你」。現在你的義務就是說到做到。查證事實，回報發問者。只要你按部就班貫徹到底，你將聲名大噪。

答案是「不」時

「不」就是「不」，但許多領導者和家長常落入相同陷阱，把「不」當成「**可能**」來用。這是一個你過去的資歷將助你一臂之力或把你拖下水之處。如果你一向說「不」就是「不」，說「可能」就是「可能」，那麼長時間下來，你以「不」來作答將會容易些。

但如果你一向不提供「不」的脈絡而以「不」來回應問題，你將被視為一個專橫的領導者。我從不渴求領導者頭銜，我一向選擇專注於製造出「不」這個答案的脈絡。

領導者最重要的角色之一是教師；說出答案背後的脈絡是我所知、看領導者實際扮演教師的最佳場合。說「不」是告訴他人不要做什麼，但這麼做並未教別人任何東西。當領導者花時間說明他用以達成決策的過程時，就是在教人。如果你解釋你審視的資料、你跟什麼人的對話，以及你所使用的決策標準，他人將不僅了解這項決定，下一回輪到他們做決定時，他們還將有能力遵循你的決策程序。

誰知道一個「不」字會有多寶貴？

沒有答案時

有些問題就是沒有答案。這不是因為你無法透露資訊，也不是因為所有資訊未到位，而是因為就是沒有答案。

生命中充滿了無法回答的問題。宇宙有多大？天有多高？為什麼好人不幸？這些問題都存在，而人們並不喜歡這些問題。我認為多數人把這些問題想成是推理小說。有些小說簡單到你一開始就知道凶手是誰。其他則更複雜，得花一些時間才能算出來。好的推理小說就像好問題，要求你思考，而當你思考，就能獲得無上的滿足。現在有一部你讀起來全神貫注的複雜推理小說，你跟書中種種障眼法費力周旋，好幾次都以為解開了謎底卻又發現自己錯了。你快讀完時有挫敗的感覺，但又很高興最後結局終將解釋一切。你翻到最後一章，察覺到有人把全書最後兩頁撕了。這部推理小說沒有答案。

有些問題永遠都不會有答案，就像有些推理故事永遠解不開。人們不喜歡這個事實，許多領導者不喜歡，我也不喜歡。但這是千真萬確的事實。因此當你面對一個沒有答案的問題時，請做那唯一可以做的事——說實話。

你明知答案卻無法回答時

國家機密、機密資訊、競爭力分析——這些你全知道，而有人問了一個與此有關的問題。你立刻開始坐立不安。這個發問的人值得信賴，而你長期擔任他們的領導者。他們都曉得你知道。你也明白他們都曉得你知道。只是你無法回答。有人提醒過你，或甚至警告過你，不能說。你縛手縛腳。當領導者真不好玩吧？

試試這個答案看看。「有時候，當領導者很難。對我來說，領導職中最困難的部分，就是當我對團隊成員應負的責任，與我做為我們組織中一名領導者的職責相衝突時。現在就是這種衝突時刻。我無法像過去那樣，對你們開誠布公。總而言之，我希望你們知道，一旦我能夠公告周知，我會知無不言。我只希望我過去的作為讓你們信任我今日的舉動。」

我知道，這個回答不完美，但這是我能力所及想出的最佳答案。如果你找到更好的答案，請與我分享。

沒有人想聽那個答案時

你知道真相；他們也知道真相。只是沒人想聽真相。這情景讓人迅速想起你大學時代，聽到教授宣布「明天小考」後的哀鴻遍野。你還記得當你長子或長女的老師打電話來說，孩子並未發揮其潛能時，你的反應是什麼吧。這兩種情形都是重要訊息傳達給人們時，聽眾在絕望中抱著一線希望，希望自己千萬別聽到那則訊息。在企業中有許多這類時刻，領導者有消息要宣布，但沒人想聽：裁員、併購、重整、取消專案、強迫加班。在這類情況下，訊息是固定的。無論多少修辭，都不會讓你辦公室縮編百分之十這項訊息聽起來或感覺起來非常好。請把注意力集中在說出來上。

千萬不要透過語音郵件、電子郵件或網路廣播來傳達這項訊息。上述這些方式都很吸引人，而且我知道你這樣做既有效率又節省成本，但把訊息傳送出去跟讓人聽到訊息，並不相同。

請務必親自說出這項訊息（或授權其他人代替你在不同地點宣布），讓你看得見員工且員工看得見你。你唯一最接近保證員工接收到那項「我不想聽」之訊息的方法，就是直視員工的眼睛。

請發揮創意且深思熟慮。拒絕不是個辦法。如果你低估說出始終讓人理解之訊息的重要性，而且低估確認他人接收到這項訊息的重要性，你順利解決問題的機會將很渺茫。

當問題太偏個人時

這個問題簡短而簡單。只因你是領導者而且有人向你發問，不表示你就必須回答。你絕對可以訂下某些你不願意回答的界線，這類問題通常與私人生活相關。只要你也同樣尊重對方的界線，而且讓你周圍的人都知道你的界線，那應該都無妨。你唯一需要說的是：「那個問題是屬於你已經知道我不討論的範疇。」

不要只因為有人問，就回答。

——美國公共關係專家瑪莉蓮．莫布利（Marilyn Mobley）

你學到什麼？

很難還是很簡單？也許有點難又有點簡單吧。領導包羅萬象，某些時候很難。說出本章這類問題的答案並不好玩。多數領導者，特別是會閱讀本書的領導者，都希望自己開誠布公、平易近人、幽默風趣。以「不，我不能告訴你」，或「我要說的是你們所不願意聽到的……」，都不符合開誠布公、平易近人及幽默風趣的標準。但有些時候，這些就是你該提供的恰當答案。

我最近加入一個處理某些敏感議題的工作小組。在某個徹夜直到清晨的會議結束之際，我們都同意，在通知過相關各方之前，本次對談的資訊和會議內容須保密。把會上訊息通知各方是我隔天早上的職責。但當我開始傳達那些訊息時，我發現有些人已透過謠言，得知我們商討的結果，你可以想像一下我的沮喪。

我失望的倒不是消息洩漏出去，那只會讓我氣憤而已。我的失望源於我的同事，也就是我視為領導者的那群人，他們竟不知道如何回答一個難以啟齒的問題。

對不起，我們大家約好要讓這些會議保密。

不，我無法回答這個問題。

你可以拿那個問題多問我幾次，我的答案還是一樣。

一旦情況許可，我將立刻提供你那項資訊。

領導者偶爾需要說出難以啟齒的答案。我猜這需要練習。

刻意練習問題

- 你覺得本章哪個答起來難以啟齒的情況最有說服力？為什麼？
- 你認為還有其他哪些類型的答案難以說出口？
- 你會如何溝通那些答案？
- 你最想把本章哪件事牢記在心？

其他註記

最後幾個問題

「重要的是不要停止發問。好奇心有其存在的理由。」

——美國科學家愛因斯坦（Albert Einstein）

「如果我們願意問許多好問題，我們就可以學習及成長。」

——美國企業顧問亞倫・葛雷格曼（Alan Gregerman）博士

「我們如何改善此事？」

——美國企業家華特・迪士尼（Walt Disney）

本書已進尾聲。因此——

你從這段我們攜手共度的閱讀之旅中帶走什麼？你開始擬訂自己的問題清單了嗎？

我希望如此。請翻到前面，看看各章的「刻意練習問問題」。也許你將在附錄中找到靈感。請開始在你的手機或電腦文書軟體上條列清單，或去買一本新的筆記本。好問題會在最不尋常的時刻出現。

你覺得自己對領導一職是否有更開闊的視野？

這問題需要暫停一下。本書一開頭我就說過，我相信你將成為一個好領導者，而非差勁的領導者，若能成為傑出的領導者更好。對領導職的本質及其樣貌有一番更開闊的視野，就不枉你在閱讀本書上所做的投資。

你是大刀闊斧身體力行，還是一步步來？

先嘗試一步步來。挑出你最喜歡的問題練習一陣子。在成為一個好問的領導者之際，注意他人的反應而且觀察你自己是否怡然自得。

你給自己訂下目標及期限嗎？

噢，拜託，你在這一行這麼久了，不會不知道訂定目標和期限何以極其重要吧。

你需要更多時間思考嗎？

這很重要。給你自己一些時間透徹思考，而且安於你的新行動。只要別把思考當做不動如山的藉口就好。

你覺得信心十足還是忐忑不安？

無論是信心十足或忐忑不安都無妨。既信心十足，又忐忑不安，二者同時並存也是可以理解的。

你可以仰賴什麼支援系統？

你可以徵召什麼人來支持你在個人改變上的努力？

領導者應該凡事熱情嗎？

是的。你甚至可以說，沒有熱情的領導者根本就不是領導者。

這些問題沒完沒了嗎？

問題的確沒完沒了，或者你應該希望問題沒完沒了，因為問題與學習相關，而學習又與成長相關，不成長就是死亡。死亡可不是個好選擇。

我們現在談完了嗎？

我談完了。而你正要開始。

幼兒因為好奇，無時無刻都在發問。成年人因為擔心自己看起來愚蠢、無知或孤陋寡聞，經常怯於發問。

我敬佩那些像幼兒般提問的領導者。我知道他們都很勇敢。

如果早知道我不會失敗，我會怎麼做？

如果我相信我不會失敗，那風會始終灌滿我的帆嗎？

相信我心中的英雄，我會走多遠，我能成就什麼事？
如果我無畏無懼，如今我會怎麼做？

——取材自賈娜・史坦菲爾德（Jana Stanfield）及吉米・史考特（Jimmy Scott）作詞作曲的〈如果我無所畏懼〉（If I Were Brave）

附錄
其他領導者所提的好問題

我曾以電子郵件做了一項調查，要求世界各地領導者分享其最喜歡的問題，做為本書研究的一部分。他們的回應非常熱烈。他們在百忙之中抽空思考，並寫下他們的發問經驗。以下就是受訪者回應的代表性樣本，供你檢視。我把這些問題納入本書，你可以找出一些派上用場，而且給你靈感，開始擬訂你自己的問題清單。

感謝這項調查的所有參與者，也衷心感謝那些跟我一樣對領導者發問的重要性極為熱中的領袖。

什麼事都不做的風險是什麼？

——傑夫・布拉克曼（Jeff Blackman），專業演講認證（CSP）顧問及講師你所做的事會讓你自己和組織成長嗎？

——大衛・C・帕莫（David C. Palmer），美國陸軍

你有什麼點子？

——菲利絲・麥康奈爾（Phyllis McConnell），戴爾電腦公司（Dell Computer Corporation）

如果這些辦法都無效，怎麼辦？接下來怎麼辦？

——雪莉・賈瑞特（Shirley Garrett），專業講師及作家

我們如何贏得這個顧客的喝采？

——艾薇・馬修（Ivy Mathieu），考克斯傳播公司（Cox Communications）

你今天要如何影響組織，為組織貢獻？

——薇薇安・龍杜斯（Vivian Londos），

人力資源公司（The Human Resource Store）

你如何大方面對失望？

——諾拉・巴契爾（Nora Butcher），講師兼作家

我們怎麼知道何時該適可而止？

——克勞蒂亞・布羅根（Claudia Brogan），北卡羅來納大學

我們如何確保這項計畫有效？

——安・哈契森（Ann Hutchinson），

土地管理局（Bureau of Land Management）

我們如何改變，讓公司更好？

——傑瑞・杜文（Jerry Dowen），

奧士科士卡車公司（Oshkosh Truck Corporation）

如果你是這家公司的老闆，你會按你提議的方式做嗎？

——喬・崔普林（Joe Tripalin），
信合社協會互助保險集團（CUNA Mutual Group）

你認為呢？

——裘蒂・馮垂斯－普瑞托（Judy VonTress-Pretto），
赫南多及瓦倫西亞地產公司（Hernando and Valencia Properties, Inc.）

你真的有時間把這項新任務排進你的日程表嗎？

——史帝夫・索倫森（Steve Sorenson），信合社協會互助保險集團

我該做些什麼，以確保你無須擔心這項專案？

——馬克・弗穆倫（Marc Vermeulen），歐洲土壤侵蝕模型（Eurosem）

你需要我提供什麼支援，以便實現此事？

——萊內特・多尼克（Lynette Dornink），
地角公司（Lands' End, Inc.）

你認為企業文化可因一人而改變嗎？為什麼？

——李妮・M・西西納利（Linea M. Cicinelli），
WCI傳播公司（WCI Communications）

你好嗎？

——丹尼絲・C・達肯（Dennis C. Dakin），
帕茲焊接及汽鍋修理公司（Potts Welding and Boiler Repair）

我們究竟想達成什麼？

——雪莉・賈瑞特，專業講師及作家

我知道這件事做得成……但這件事應該做嗎？

——羅絲・基爾斯敦克（Rose Kilsdonk），
謝客廣告公司（Shaker Advertising Agency）

大家現在都在學什麼新東西？

——艾爾絲・塔馬約（Else Tamayo），
舊金山大學（University of San Francisco）

假設你是主事者，你會採行什麼步驟？

——凱西・翠梅爾（Kathy Trammell），
哈伯史東信用合作社（Harborstone Credit Union）

你如何進入這一行？

——大衛・吉尼斯（David Jennings），領有認證的協會高級主管（CAE），
資深人力資源管理專家（SPHR），美國教育訓練與發展協會
（American Society for Training and Development）

我們為什麼總是以這種方式行事？

——瑪西亞・布里頓（Marcia Britton），
貝西奈塑膠包裝公司（Pechiney Plastic Packaging）

我如何成為解決方案的一部分，而不是問題的一部分？

——黛安・馬瑞瑪（Diane Marema），
科學及工業博物館（Museum of Science and Industry）

我要做些什麼才能使自己對公司更有貢獻？

——卡蘿・勞茲佩（Carol Rouzpay），權威集團（The Regence Group）

針對我如何成為本組織的更佳領導者，你可否給我一些具體意見？

——蘇珊・C・史帝文斯（Susan C. Stevens），
聯盟資料系統公司（Alliance Data Systems）

如果你可以做一項決策，使本組織邁向更積極之路，那個決策會是什麼？

——林恩・杭特利（Lyn Huntley），美國國稅局（IRS）

你真正熱愛的是什麼？

——蘇希・瑞提格（Suzy Rettig），全國房貸公司（Countrywide Home Loans）

你的顧客面臨的最大需求及挑戰是什麼？

——帕姆・賈特曼（Pam Gartmann），威斯康辛州三角洲牙醫醫療計畫（Delta Dental Plan of Wisconsin）

最近忙些什麼？

——寶拉・布里基（Paula Briki），IBM

做這事還有更好的方法嗎？

——莉蓮・羅伯茲（Lillian Roberts），皮特郡紀念醫院（Pitt County Memorial Hospital）

我如何貢獻一己之力，使本團隊改觀？

——麥可・T・雷默（Michael T. Reimer），安全方案公司（Safety Solutions Incorporated）

為發展領導技巧，你今天做了些什麼？

——尼爾・J・安德森（Neil J. Anderson），英語教學資格認證（TESOL）

這符合最高品質標準嗎？

——約翰・多莫迪（John Dermody），鳳凰城（City of Phoenix）

我們每個人都有相同的目標感，而且都了解所渴望的結果嗎？

——雪莉・K・杜維爾（Cheryl K. Duvall），
梅瑟大學（Mercer University）

你的工作如何鼓舞你去協助顧客？

——肯蒂・普林斯（Candy Prince），美國銀行（Bank of America）

什麼事不對勁？

——莫拉・施賴爾-佛萊明（Maura Schreier-Fleming），
暢銷網路公司（Best@Selling）

我們應該問本公司顧客什麼問題？

——麥可・A・波多林斯基（Michael A. Podolinsky），
團隊研討會（Team Seminars）

為什麼？

——最常被視為好問題的問題

請利用這些問題開始擬訂你的問題清單。如果你想在我們這張清單上加一些問題，請在造訪 www.LeadersAsk.com 網站時，把問題及你的意見以電子郵件寄給作者。我期待與你對話。

索引 78道關鍵提問

【向新員工提出的問題】

【在員工個人危機期間】

國家圖書館出版品預行編目(CIP)資料

會問問題，才會帶人：問對問題，等於解決了大半問題；把問題問出來，你將受惠於答案/克莉絲．克拉克－艾普斯坦(Chris Clarke-Epstein)著；馮克芸譯. -- 三版. -- 臺北市：大塊文化出版股份有限公司，2024.03
240面； 14.8x20公分. -- (touch ; 55)
15週年暢銷紀念版

譯自：78 important questions every leader should ask and answer
ISBN 978-626-7388-51-8(平裝)

1.CST: 企業領導 2.CST: 組織傳播 3.CST: 組織文化 4.CST: 公共關係

494.23 113001126

LOCUS

LOCUS

LOCUS

LOCUS